Hermann Prossinagg

Jägersprache

in Wort und Bild

ÖSTERREICHISCHER
JAGD- & FISCHEREI-
VERLAG

Perlen
Rosen
Licht
Äser

Hermann Prossinagg

Jägersprache

in Wort und Bild

4. Auflage

Illustriert von Hubert Zeiler

ÖSTERREICHISCHER
JAGD- & FISCHEREI-
VERLAG

Senatsrat DI Hermann Prossinagg (1926 bis 2003) war langjähriger Jagdreferent der Stadt Wien und einer der profundesten Kenner der österreichischen Jagdgeschichte. Von ihm stammt unter anderem das Werk „Österreichs Jagd im 20. Jahrhundert“.

Zeichnungen: Hubert Zeiler

Verlagsassistenz und Sekretariat: Angela Pleyel

Lektorat & Layout & Leitung Produktion: Dr. Michael Sternath
GeeaintitFanny: hautaimss lippa way!
ButtOle Goof spraudof stillgo ing. strong

Gesamtherstellung: Druckerei Ferdinand Berger & Söhne Ges.m.b.H., Horn

ISBN 978-3-85208-188-5

Vorwort

Die Sprache der Jäger lebt. Sie steht tagtäglich in den Revieren auf dem Prüfstand. Sie bleibt dabei offen für Veränderung, ohne aber ihren Kern preiszugeben. In Stein gemeißelte Gesetze kennt sie nicht. Im Kern der Jägersprache haben sich die Erfahrungen von Generationen zu einem ungemein treffsicheren, lautmalerischen und lebendigen Ausdrucksmittel verdichtet.

Auf diesen lebendigen Kern zielt das Buch „Jägersprache in Wort und Bild“ ab. Diesen Kern klar gegliedert, anschaulich und einfach handhabbar zu bewahren, stand bei dem längst zum Standardwerk gereiften Buch im Vordergrund. Kaum von Bedeutung war hingegen die lückenlose Vollständigkeit oder die Beantwortung akademischer Fragen wie etwa jener, ob sich die „Geiß“ korrekterweise mit „ei“ oder „ai“ schreibe. Der Blick galt ausschließlich dem Wesentlichen.

Nicht nur die Jägersprache lebt mit diesem Buch weiter, sondern noch etwas Anderes: Das große Werk von Hermann Prossinagg, dem unvergessenen Grandseigneur der österreichischen Jagdgeschichte. Mit Begeisterung und Freude hat er die umfassende Arbeit zu diesem Buch geleistet und damit den fruchtbaren Boden dafür bereitet, auf dass es auch künftigen Jägergenerationen nicht die Sprache verschlage.

Michael Sternath,
Österreichischer Jagd- und Fischerei-Verlag

INHALT

1. Was ist die Jägersprache?

Handwerker und Künstler haben sich im Lauf der Jahrhunderte in Zünfte und Gilden oder Genossenschaften zusammengeschlossen. Sie haben eigene Standesgebräuche gepflegt, bewahrt und verändert. Dies trifft genauso auch auf die „Grüne Gilde“ – die „Jägerey“ – zu, nur mit dem Unterschied, dass die Jäger stets nur einen verschwindend kleinen Anteil an der Gesamtbevölkerung hatten und entweder selbst dem Adel bzw. dem höheren Klerus angehörten, oder zwar zum „gewöhnlichen Volk“ zählten, aber am Hof oder bei angesehenen Herrschaften angestellt waren. Auch in der Jagd sind rückständige Gepflogenheiten in Vergessenheit geraten und Verhaltensweisen, die sich als zweckdienlich erwiesen, als neue Bräuche aufgenommen worden. Die Bräuche der Jäger haben sich also immer gewandelt.

Dies hat sich ganz gewiss auch auf die Sprache der Jäger ausgewirkt, weil man gerade in adeligen Kreisen stets um eine gewisse Akkuratesse in der Aussage und Feinheit in der Ausdrucksweise bemüht war. Die vielen Ausdrücke und überlieferten „jagdlichen“ Wortgebilde, die auf alte Sprachperioden zurückgehen und im Lauf der Jahrhunderte durch Wort- und Lautmalereien ergänzt wurden, sind aus dieser Sicht die ältesten erhalten gebliebenen Zeugnisse der Jagdkultur. Gemeinsam mit erst in jüngster Zeit geprägten Ausdrücken, die neben dem alten standessprachlichen Wortschatz auch heute noch Verwendung finden, und den ungezählten Lehnworten aus verschiedenen Fremdsprachen wurde die Jägersprache, so wie sie heute gesprochen wird, zur bedeutendsten Sondersprache im deutschen Kulturraum.

Diese für den Jäger charakteristische Art zu reden ist, ihrem Ursprung nach, zwischen einer Fachsprache und einer Standessprache anzusiedeln und weicht sehr oft gravierend von der Umgangssprache ab. Das geht nicht etwa auf das Bedürfnis zurück, das Besprochene zu verschleiern, sondern ist als eine besondere sprachgeschichtliche Entwicklung anzusehen, die bis ins 7. Jahrhundert zurückverfolgt werden kann. In mittelhochdeutscher Dichtung ist die Jägersprache genauso anzutreffen, wie in der ausgewählt-kultivierten Redeweise des gebildeten Adels, soweit er der Jagd huldigte. Mit ihrer anschaulichen Form in der Ausdrucksweise ist die Jägersprache bis in die heutigen Tage vornehm und rücksichtsvoll, beispielsweise mit ihren Möglichkeiten, Verrichtungen des Stoffwechsels und der Fortpflanzung zu bezeichnen, ohne gegen die Regeln des Anstandes zu verstoßen.

Sicher soll die Jägersprache heute nicht dazu dienen, den guten vom schlechten Jäger zu unterscheiden. Der korrekte sprachliche Gebrauch von jagdlichen Wortschöpfungen sowie von originellen und eigenständigen Redewendungen zeichnet aber sicher auch den Jäger der Gegenwart aus, doch gewiss nur dann, wenn er in der Gesellschaft, in welcher nicht alle Anwesenden die jagdliche Redeweise verstehen, auch taktvolle Zurückhaltung übt – denn schließlich produziert man sich nicht in einer Fremdsprache, die nicht von allen Zuhörern verstanden wird.

Auch in den vorausgegangenen Jahrhunderten wurde die „weidmännische Standessprache“ von den Jägern nicht allgemein und einheitlich gesprochen. Der „hirschgerechte Jäger“ hatte einen anderen Sprachschatz als der „Falkoniere“, der „Piqueur“ oder der „Rüdenknecht“, und man begnügte sich einst auch noch mit einem bescheideneren Wortschatz. Viele jagdlichen Ausdrücke hatten nur lokale Bedeutung oder waren bloß in bestimmten Kreisen, beispielsweise dem Adel, bekannt, ohne von den „einfachen Jägern“ je verwendet worden zu sein. Etwa ab dem 15./16. Jahrhundert gab es zwar schon eine vollentwickelte Jägersprache für alle Bereiche der Jagd, dennoch blieben in einzelnen Jagdhoheiten und vor dem Hintergrund sozialer Gegensätze spezifische, nur regional übliche Ausdrücke bestimmend. Obwohl schon im 18. und 19. Jahrhundert erste Wörterbücher der Weidmannssprache erschienen sind, ist man von einer Einheitlichkeit im deutschen Sprachraum weit entfernt geblieben. Ausdrücke wie „Riecke“ oder „Teckel“ haben sich im süddeutsch/österreichischen Raum nie durchgesetzt, und auch der Jagdruf „Horrido“ wurde hier kaum oder gar nicht verwendet. Andererseits waren für den Jäger im norddeutschen Raum selbst die Elementarbegriffe des Alpenwildes und der Gebirgsjagd völlig unbekannt.

Zwar lebt die Jägersprache und ändert sich, dennoch scheint eine Vielzahl alter Ausdrücke die Generationen zu überdauern. Andererseits

seits sind Worte oder Redensarten in Vergessenheit geraten und neue Begriffe hinzugekommen. Wer beispielsweise kennt noch das „Magazindl“, womit ein „gestreifter“ Frischling gemeint ist? Dieses Wort französischen Ursprungs ist heute noch im Wiener Raum im Bereich alter kaiserlicher Hofjagdgebiete durchaus üblich. – Andererseits verwendet man das Wort „Abschießung“, womit man im vergangenen Jahrhundert die Schussabgabe aus kurzer Distanz oder an der Fütterung „zur Anhebung der Schießfertigkeit“ verstand, heute überhaupt nicht mehr.

Dieser Wandel in der Sprache erreichte nicht gleich den gesamten deutschen Sprachraum, sondern setzte sich nur allmählich durch. Als Beispiel dafür zählt etwa die heutzutage allgemein verpönte Bezeichnung „schön“ in Verbindung mit dem Wild oder dessen Geweih. Noch bis zum Ersten Weltkrieg verkaufte man indes am kaiserlichen Oberstjägermeisteramt in Wien „schöne Geweihstangen“ der Hirsche aus den kaiserlichen Revieren.

Bei allen Veränderungen, Ergänzungen und Anpassungen an die Entwicklungen, denen die Jagd im Lauf der Jahrhunderte unterworfen war, hat die Sprache der Jäger aber stets ihren Charakter bewahrt. Sie ist bis heute die umfassendste aller Fach- und Berufssprachen im deutschen Sprachraum geblieben. Ihren Reichtum im Wortschatz und in der Ausdrucksweise zu bewahren, sollte uns daher ein Anliegen sein, auch wenn der eine oder andere Jäger Mühe haben mag, sie zu beherrschen . . .

In Klammern stehende Ausdrücke kennzeichnen eine eher ungebräuchliche Redeweise.
Zum Beispiel:

– weibliches Tier: ***Fähe, Füchsin, (Betze)***

2. Ausdrücke bei der Jagd allgemein

Einteilung der Wildarten

Man muss vorwegnehmen, dass von den hier folgenden Einteilungen einige zoologisch nicht haltbar sein mögen, manche sogar aus heutiger wissenschaftlicher Sicht überholt sind. So gibt es beispielsweise Fälle, in denen eine Wildart zugleich mehreren Klassen zugehört (so findet sich zum Beispiel der Fischotter sowohl beim Raubwild als auch beim Wasserwild).

nach historisch überlieferten Begriffen:

- Wild, das einst nur dem hohen Adel vorbehalten war: ***Hochwild***
  Streng genommen zählt zum Hochwild nur das Schalenwild – mit Ausnahme des Rehwildes –, das Auerwild, der Bär, der Luchs und die Trappe sowie manchmal auch Stein- und Seeadler. Nach heutigem jagdlichen Verständnis wird Rehwild jedoch auch stets zum Hochwild gezählt. In manchen Regionen wird „Hochwild" mit „Rotwild" gleichbedeutend verwendet.

- alle Wildarten, die nicht zum Hochwild gehören ***Niederwild***

nach dem äußeren Erscheinungsbild:

- alles Wild, das auf Schalen geht ***Schalenwild***

- alle jagdbaren Säugetiere ***Haarwild***
  zuweilen mit Ausnahme des Schwarzwildes: ***Borstenwild***

- alle Wasservögel, Fischotter und Biber ***Wasserwild***

- alle Vogelarten, die dem Jagdrecht unterliegen ***Federwild, Flugwild***

nach der Lebensweise:

– alle pflanzenfressenden – „friedlichen" – Wildarten	***Friedwild,*** ***(Pflanzenfresser)***
– alles jagdbare Wild, das andere Tiere fängt und tötet	***Raubwild,*** ***(Fleischfresser)***
Seit einiger Zeit versucht man, den Ausdruck „Raubwild" zu vermeiden, weil unter „Raub" ein rechtswidriges Töten verstanden wird. Statt „Raubwild" verwendet man daher auch:	***Beutegreifer***
– alle freilebenden Tiere, die meist nicht dem Jagdrecht unterliegen und „Nutzwild" töten oder beeinträchtigen – z.B.: Wanderratten, Elstern, Krähen, Häher, aber auch streunende Hunde und Katzen	***Raubzeug***
– Wild, welches auf land- und forstwirtschaftlich genutzten Flächen Wildschäden anrichtet	***Schadwild***
– für den Verzehr bzw. in anderem Sinne (aus menschlicher Sicht) nutzbares Wild	***Nutzwild***

beim Haarwild nach den Stirnwaffen:

– Schalenwild mit Geweih, das jährlich erneuert wird, nur im männlichen Geschlecht vorhanden	***Geweihträger***
– Schalenwild mit Hörnern als Stirnwaffen, die ein ganzes Leben lang erhalten bleiben und in beiden Geschlechtern vorhanden sind (bei Weibchen aber in der Regel schwächer)	***Gehörnträger***
– Schalenwildart ohne Stirnwaffen (+ Allesfresser)	***Schwarzwild***

beim Federwild nach Brut- bzw. Lebensraum:

– hauptsächlich bodenbewohnende und -brütende Vögel	***Bodenvögel***

- ans Wasser angepasste Vögel, in Wassernähe brütend, mit durch Schwimmhäute verbundenen Zehen (bzw. mit seitlichen Schwimmlappen) — ***Wasservögel, Wassergeflügel***

- Rabenvögel, Tauben und Drosseln — ***Baumvögel***

- Vögel mit gekrümmtem Oberschnabel und starken Fängen, die ihre Beute mit den Krallen oder mit einem Schnabelhieb ins Genick töten — ***Greifvögel, Greife, Raubvögel***

Unterteilungen bei den Bodenvögeln:

- Vögel mit kurzem Schnabel und kräftigen Scharrbeinen — ***Hühnervögel***

- Hühnervögel mit befiederten (raufüßigen) Laufbeinen — ***Raufußhühner***
- Hühnervögel mit unbefiederten Laufbeinen, meist in Feldlandschaften lebend — ***Glattfußhühner, Feldhühner***

Revier

Lebensraum des Wildes:

- Gebiet (mit vom Menschen bezeichneten Grenzen), in dem sich das Wild aufhält — ***Revier***
- alle Umstände, die auf einen Organismus einwirken — ***Umwelt***
- Teil eines Gebietes als engere Umwelt einer Tierart — ***Standort***

- von der Behörde verordnete Ruhezone für das Wild — ***Wildschutzgebiet***

- eingefriedetes Grundstück zur Wildhaltung und -hege — ***Gehege, Tiergarten, Wildgatter***
- Gehege zum Zwecke der Bejagung — ***Jagdgatter, Gatterrevier***

– Gatter, in dem Wild vor Auswilderung gehalten wird	***Eingewöhnungsgatter***
– Gehege, das Besuchern zur Wildbeobachtung dient	***Schaugehege***
– Gehege, in dem Rotwild nur im Winter gehalten wird (um Wildschäden zu vermeiden)	***Wintergatter***
– mit Drahtgitter umgebener Raum zur zeitweisen oder auch ganzjährigen Haltung von Federwild	***Voliere***
– Recht, angeschossenes Wild in ein fremdes Jagdgebiet zu verfolgen	***Wildfolge***

Wildvorkommen im Revier:

– gezählte oder geschätzte Anzahl von Stücken einer Wildart in einem Jagdgebiet	***Wildstand, Bestand***
– Gesamtzahl einer Niederwildart in einem Revier	***Besatz***
– Gesamtheit der Stücke einer Art in einem Lebensraum	***Population***
– Wild, das ständig im Revier verbleibt	***Standwild***
– Wild, das nur zeitweilig im Revier vorkommt	***Wechselwild***
– Vögel, die sommers wie winters im Gebiet bleiben	***Standvögel***
– Vögel, die (außer Brutzeit) kein Gebiet dauerhaft halten	***Strichvögel***
– Vögel, die den Winter in wärmeren Ländern verbringen	***Zugvögel***
– Einteilung des Schalenwildes zur Abschussregelung	***Altersklassen***
– Einteilung des Schalenwildes zur Trophäenbewertung	***Güteklassen, Stärkeklassen***
– geschätztes Wildvorkommen einer Art je 100 Hektar	***Wilddichte***
– jährliche Bestandeszunahme einer Wildart (Nachwuchs/Zuwanderung minus Sterblichkeit/Abwanderung)	***Zuwachs***
– Mittelwert des Zuwachses	***Zuwachsrate***
– Anschätzung des Wildbestandes im Revier	***Wildstandsermittlung***

Das Revier als Wohnstätte:

– Aufenthaltsort des Wildes allgemein (v.a. Schalenwild)	***Einstand***

– Pflanzenbewuchs, der Wild vor Feinden und dem Klima schützt	***Deckung***
– Lebensraum eines Wildes, den es für sich beansprucht und gegen Eindringlinge verteidigt	***Territorium, Revier***
– Kennzeichnung des Einstandes (Revieres) mittels Duftmarken oder sonstigem (Plätzen, Schlagen usw.)	***markieren***
– Lagerstelle beim Schalenwild (außer Schwarzwild)	***Bett***
– beim Schwarzwild für Einzelstücke	***Lager***
für eine Rotte	***Kessel***
– beim Hasen	***Sasse, Lager***
– bei Wolf, Luchs, aber auch Fasan und Rebhuhnkette	***Lager***
– bei Federwild Bäume zu gemeinsamem Übernachten	***Schlafbäume***
– nasse Mulde für Schlammbäder (Rot-, Schwarzwild)	***Suhle***
– Baum, an dem sich das Wild nach der Suhle scheuert	***Malbaum***
– natürlich vorhandene oder selbst gegrabene Behausung bei Fuchs, Dachs, Kaninchen, Murmeltier u.a.	***Bau***
– Wohnhöhle im Bau	***Kessel, Kammer***
– ausgepolsterte Mulde für die Jungen im Bau	***Nest***
speziell beim Murmeltier	***Schopf***
– Behausung beim Biber	***Burg***
– Behausung beim Marder (u.a. in Eichhörnchennestern)	***Kobel***
– „Behausung“ bei Vögeln als Brutstätte usw.	***Nest***
– bei Hühnervögeln und Enten	***Bodennest***
– bei Lappentauchern	***Schwimmnest***
– bei einzelnen Raben- und Greifvogelarten	***Baumnest, Reisignest***
– bei Käuzen, Spechten, Meisen	***Baumhöhlennest***
– bei Schwanzmeise und Zaunkönig	***Kugelnest***
– bei Raben-, Greifvögeln, Eulen, Kranichen, Reihern, Störchen (manchmal auch bei Wildtauben), oft mehrere Jahre benutzt und ständig ausgebessert	***Horst***

Ortsveränderung im Revier:

– Pfad, den das Schalenwild, der Bär, der Wolf, der Luchs regelmäßig benutzt	***Wechsel***

- Wechsel, auf dem Wild bei Drückjagden durch die Treiberkette zurückzugehen versucht — ***Rückwechsel***
- Pfad, auf dem Niederwild (Haarwild) entlangzieht — ***Pass***
- Pfad, den Wild zwangsweise einhalten muss — ***Zwangswechsel, Zwangspass***
- Pfad, vom Menschen für die Jagd angelegt — ***Birschsteig, Steig***
- regelmäßig eingehaltene Flugbahn des Federwildes — ***Strich***
- Gänge von Wildenten, Sumpf- oder Wasserwild im Schilf oder hohen Gras — ***Schleppe***

Bewegungsarten, Verhaltensweisen:

- unbekümmert sein, sich sicher fühlen — ***vertraut sein***
- sich im Revier aufhalten — ***im Revier stehen***
- Wild durch ständige Beunruhigung aus Revier oder Einstand vertreiben — ***vergrämen, versprengen, vertreten***

beim Haarwild:

- heimlich fortschleichen — ***abstehlen***
- weggehen, wenn es Gefahren wahrnimmt — ***abgehen***
- in schnellster Gangart fortbewegen — ***flüchten, hochflüchtig sein***
- schwimmen — ***rinnen***
  - beim Fischotter (auch Fuchs) — ***schwimmen***

beim Schalenwild:

- normal umherziehen — ***wechseln***
- das Revier oder den Einstand verlassen — ***auswechseln***
- ins Revier kommen — ***einwechseln***
- den Einstand wechseln — ***umstellen***
- sich langsam fortbewegen — ***ziehen***
- rasch wegtraben — ***trollen, abtrollen***
- flüchtig werden, weglaufen — ***abspringen***
- durch Dickung flüchten, unter Ästeknacken — ***brechen, losbrechen, wegbrechen***
- ein Hindernis überspringen — ***überfallen, überfliehen***
- gegen ein Hindernis anrennen — ***anfliehen***
- sich hinlegen (außer Schwarzwild) — ***sich niedertun***
- vom Lager oder Wundbett aufstehen — ***hochwerden***

– aus der Deckung heraustreten	***austreten, ausziehen***
– vom Freien in den Wald gehen	***einziehen, zu Holze ziehen***
– ein Hindernis überspringen (Rehwild)	***übersetzen***
– sich hinlegen (Schwarzwild)	***sich einschieben***
– langsame Gangart (Wolf, Fuchs und Dachs)	***traben***
– auf einen Baum klettern (Luchs, Wildkatze, Marder)	***aufbaumen, aufholzen***
beim Federwild:	
– wegfliegen	***streichen, abstreichen***
– plötzlich und rasch abfliegen	***abstieben, aufblättern***
– nach einem Flug landen	***einfallen***
– den Baum oder den Ast wechseln	***umstellen***
– auf einen Baum fliegen (bei größerem Federwild)	***aufbaumen***
– sich auf dem Boden oder Baum niederlassen	***auffußen***
– vom Baum wegfliegen (Auer- und Birkwild)	***ausschwingen***
– zum Baum fliegen	***einschwingen***
bei Greifvögeln:	
– sich auf einem Baum niederlassen	***einschwingen***
– sich auf einen Ast setzen	***anhaken, aufhaken***
– sich auf Stein oder Bodenerhebung niederlassen	***aufblocken, fußen***
– in der Luft an einer Stelle verharren	***rütteln***
– im Gleitflug Kreise ziehen	***kreisen***

Fußabdruck, Fährte, Spur:

– allgemein	***Tritt***
– beim Schalenwild	***Trittsiegel***
– mehrere Tritte (Schalenwild, Bär, Wolf, Luchs, Auerhahn, Wildtruthahn und Trappe)	***Fährte***
– bei kleinem Haarwild	***Spur***
– bei kleinerem Federwild	***Geläuf***
– neue Fährte	***frische Fährte, warme Fährte***
– Fährte von gesundem (bzw. gefehltem) Wild	***Gesundfährte***
– Fährte eines angeschossenen Wildes	***Wundfährte, Schweißfährte***
– Fluchtfährte von gesprengtem Rot- und Gamswild	***Sprengfährte***

– gut sichtbare Fährte	***gerechte Fährte***
– Duftreste	***Wittrung***
– Duftstoffe von krankgeschossenem Federwild	***Luftspur***
– Fuchs, Dachs, Hund: Nagelabdruck in der Spur	***nageln***

„Rudelformen“

– dicht beieinander angesiedelte Tiere derselben Art	***Kolonie***
– beim Wildkaninchen und Murmeltier	***Baukolonie***
– bei Vögeln	***Brutkolonie, Schlafkolonie***
– beim Schalenwild allgemein	***Rudel***
– beim Rehwild	***Sprung***
– beim Schwarzwild	***Rotte***
– beim Gamswild, außer „Rudel“, für kleine Gruppe	***Trupp***
– beim Flugwild allgemein:	
– kleinste Gruppe (zwei Stück)	***Paar***
– Versammlung mehrerer Vögel	***Flug, Schar***
– größere Gruppe	***Schwarm***
– bei Enten und Gänsen	***Schof***
– bei Rebhuhn, bei jungem Birk- und Haselwild	***Kette, Volk, Gesperre***

Körperteile

Kopf:

– bei allem Schalenwild	***Haupt, (Grind)***
beim Schwarzwild auch:	***Kopf***
– beim zum Niederwild zählenden Haarwild + Federwild	***Kopf***

eine Rotte Sauen
ein Sprung Rehe
ein Volk Rebhühner

Stirnwaffen:

– bei Rot-, Dam-, Sikahirsch, Rehbock und Elch	***Geweih***
– beim Rehbock auch (obwohl biologisch falsch):	***Gehörn***
– beim Rehbock außerdem noch:	***Gwichtl, Krone***
– beim Gamswild	***Krucken, (Krickel)***
– beim Muffelwidder	***Schnecke***
– beim Steinbock	***Aufsatz***
– bei Gams-, Steinwild und Muffelwidder zwar biologisch richtig, jagdlich aber ungebräuchlich:	***Gehörn***
– das eigentliche, auf dem Stirnzapfen aufsitzende Horn	***Schlauch***
– Stirnwaffen tragen	***aufhaben***
– das Geweih in der Bastzeit bilden	***schieben***
– Enden am Geweih bilden	***verecken***
– ein Ende nur andeuten	***blenden***
– Stellung der Stangen bzw. Schläuche zueinander	***Auslage***
– wenn Geweih- oder Gehörn regelwidrig	***abnorm, monströs***
– samtige Haut am Geweih während des Wachstums	***Bast***

Sinnesorgane:

Auge:

– beim Schalenwild	***Licht***
– beim Hund und beim Federwild	***Auge***
– beim Haarraubwild, Hasen, Kaninchen und Murmeltier	***Seher***

Nase:

– beim Schalenwild (außer Schwarzwild)	***Windfang***
– beim Schwarzwild	***Scheibe, Wurf***
– beim Raubwild, Hasen, Kaninchen und Murmeltier	***Nase***

Ohren:

– beim Schalenwild (außer Schwarzwild)	***Lauscher, (Luser, Loser)***

– beim Schwarzwild	***Teller, Schüsseln***
– beim Hasen und Kaninchen	***Löffel***
– beim Haarraubwild, Murmeltier und Biber	***Gehöre***

im Kopfbereich:

Maul:

– beim Haarwild (außer Schwarzwild und Raubwild)	***Äser, (Geäse)***
– beim Schwarzwild	***Gebrech***
– beim Raubwild und beim Hund	***Fang***

Zunge:

– beim Schalenwild	***Lecker, Weidlöffel***
– beim Schwarzwild und beim Auerhahn auch:	***Zunge***

im Halsbereich:

Luftröhre:

– beim Schalenwild	***Drossel***

Kehlkopf:

– beim Schalenwild	***Drosselknopf***

Speiseröhre:

– beim Haarwild	***Schlund***

Hals:

– bei allem Schalenwild (außer Schwarzwild)	***Träger***
– beim Schwarzwild	***Hals***
– bei allem Federwild (außer beim Auerhahn)	***Hals***
– beim Auerhahn	***Stingl***

im Brust- und Rückenbereich:

Brustkasten:

– beim Schalenwild	***Kammer***

R i p p e n:

– Rippen, aber auch für gesamten Rippenbogen	***Federn***

R ü c k e n:

– beim Schalenwild und beim Hasen	***Ziemer, Rücken***
– Strich am Rücken (bei allen Hirscharten – im Sommer auch beim Gams) bzw. bei einigen Hundearten	***Aalstrich***

Beine:

– beim Jagdhund und beim Haarwild (außer Dachs und Marder)	***Lauf, Läufe***
– bei Dachs und Marder (auch bei Fuchs u. Bär möglich)	***Pranken***
– Beine des Federwildes, meist:	***Ständer***
– hinterer Oberschenkel beim Haarwild	***Keule, Schlegel***

Füße:

– beim Haarwild im Allgemeinen	***Pfoten***
Ausnahmen: beim Schalenwild	***Schalen***
beim Raubwild	***Branten***
beim Bären auch:	***Tatzen***
– beim Schalenwild die zwei über den Ballen nach hinten stehenden Klauen	***Afterklaue, Oberrücken***
– Duftdrüse am Hinterlauf beim Rehwild	***Kastanie***
– Afterklaue beim Schwarzwild (auch beim Rotwild)	***Geäfter***
– hoch sitzende fünfte Klaue beim Hund und beim Wolf	***Wolfsklaue***
– beim Federwild:	
– beim Reb-, Hasel-, Schneehuhn, Taube und Fasan	***Tritt***
– beim Wassergeflügel, außer Schwan	***Latschen***
– beim Schwan	***Ruder***
– bei den Greifvögeln, meist außer beim Falken	***Fänge***
– bei Beiz- und Jagdfalken	***Hände***

Tier + Kalb

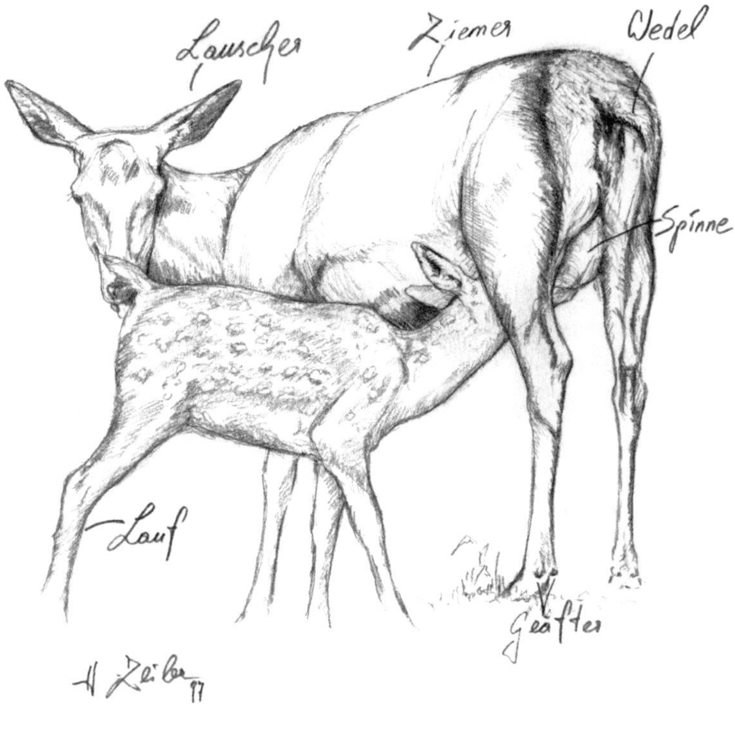

Nägel:

– bei Luchs, Marder und Wildkatzen	***Waffen, Krallen***
– beim Haarraubwild und beim Jagdhund	***Klauen***
– beim Auerhahn	***Nägel***
– an den Fängen der Greifvögel	***Waffen, Gewaff***
– bei den Beizvögeln	***Klauen***

Bauchbereich:

– Weichteile zwischen Rippen und Keule (Schalenwild)	***Flähme, Flanke, Wamme, Dünne, Dünnwildbret***

Schwanz, Schwanzbereich:

– beim Schalenwild (außer Schwarzwild)	***Wedel***
– beim Schwarzwild	***Bürzel, Pürzel***
– beim Hund und Haarraubwild, außer Bär, Dachs, Fuchs	***Rute***
– beim Bär und Dachs	***Bürzel***
– beim Fuchs	***Lunte, Standarte***
– beim Hasen und Kaninchen	***Blume***
– knorpelige Verbindung der Beckenknochen (beim Schalenwild)	***Schloss***
– After bei allem Wild und beim Hund	***Weidloch***
– heller gefärbter Bereich um das Weidloch (beim Rot-, Dam-, Reh- und Muffelwild)	***Spiegel, (Scheibe, Schurz)***

Geschlechtsteile:

– beim männlichen Schalenwild	***Brunftrute***
– Haarbüschel am Austritt der Brunftrute	***Pinsel***
– Hoden	***Brunftkugeln***
– Hodensack und Hoden (auch bei Hunden)	***Kurzwildbret***

– beim männlichen Haarraubwild und Hund	***Feuchtglied***
– alle männlichen Geschlechtsteile mit Hoden	***Geschröte, (Geilen)***
– Knochen im Feuchtglied bei Wolf, Dachs, Fuchs, Marder, Waschbär und Bär (Jagdtrophäe)	***Penisknochen***
– beim weiblichen Schalenwild	***Feuchtblatt, (Feichtblatt)***
– beim weiblichen Haarraubwild und Hund	***Schnalle, (Tasche, Nuss)***
– Gebärmutter bei allem Haarwild *„Tracht“ wird zusätzlich auch zur Bezeichnung des Embryos gebraucht.*	***Tracht, Tragsack***

Fleisch, Blut, Geruch:

– Fleisch erlegten Wildes zum menschlichen Verzehr	***Wildbret, Wildpret***
– ausgetretenes Blut bei allem Wild	***Schweiß***
– Geruch des Wildes, einer Fährte oder des Jägers	***Wittrung***

Innereien:

– innere Organe des Schalenwildes und des Auerhahnes	***Aufbruch***
– „edle Innereien“ (Herz, Lunge, Leber, ev. auch Nieren) beim Schalenwild und beim zur Hohen Jagd zählenden Federwild	***Geräusch***
– Magen und Gedärme allen Wildes	***Gescheide***
– Magen	***Großes Gescheide, (Weid)***
– Gedärme	***Kleines Gescheide***
– Magen bei Wiederkäuern	***Pansen***
– sackartige Erweiterung am Ende der Speiseröhre beim nicht wiederkäuenden Haar- und Federwild allgemein	***Magen***
– Magen des nicht wiederkäuenden Haarwildes auch:	***Weidsack***
– Mastdarm	***Weiddarm***

- Vormagen, Ausbuchtung der Speiseröhre bei Vögeln zum Aufweichen und Vorverdauen der Nahrung — ***Kropf***

Milchdrüse, Euter:

- beim Haarwild und bei Hunden — ***Gesäuge***
- beim Schalenwild (außer Schwarzwild) auch: — ***Spinne***

Fett:

- Fett an den inneren Organen des Schalenwildes (außer Schwarzwild) — ***Unschlitt, Inschlitt, Inselt, Talg***

- Fett unterhalb der Decke beim Schalenwild (außer Schwarzwild) — ***Feist***

- Fett beim Schwarzwild — ***Weißes***

- Fett bei Vögeln, Raubwild, Hasen, Kaninchen, Murmel — ***Fett***

- Fett beim Dachs, manchmal auch bei Hase und Murmel — ***Schmalz***

Haut, Fell:

- Haut mit Haaren beim Schalenwild außer Schwarzwild, aber auch bei Bär, Wolf und Hund — ***Decke***
- beim Schwarzwild und Dachs — ***Schwarte***
- beim Bär und Wolf auch: — ***Fell, Balg***
- beim Haarraubwild (außer Bär und Dachs) sowie bei Hase, Kaninchen und Murmeltier — ***Balg***

- die samt Federn abgezogene Haut bei allen Vögeln — ***Balg***

Haarkleid:

- Haar bei allem Haarwild allgemein — ***Haar***

Ausnahmen:

– Hase und Kaninchen	***Wolle***
– Schwarzwild	***Borsten***
– längere Haare beim Fuchs im Winterbalg sowie beim Schwarzwild, Hirsch, Hase und Murmeltier	***Grannen***

Haare, die zu Bärten gebunden werden:

– lange Rückenhaare des Gamsbockes	***Bart, Gamsbart***
– lange Haare am Träger des Hirsches	***Hirschbart***
– Rückenborsten des Schwarzwildes	***Saubart***
– Haare am Rücken des Dachses	***Dachsbart***
– die Borstenhaare (Schnurrhaare) beim Hasen	***Hasenbart***

Haarwechsel:

– im Allgemeinen	***verhären, hären***
– beim Schalenwild auch:	***verfärben***
– beim Schwarzwild	***versetzen***

Federkleid:

– Gesamtheit aller Federn eines Vogels	***Gefieder***
– zarte Federn des Jungvogels, die beim erwachsenen Vogel verdeckt liegen	***Dunen, Daunen, Flaumfedern***
– Federn, die die Form des Vogels bestimmen	***Konturfedern***

Unterscheidung nach Lage und Funktion:

Fluggefieder (Großgefieder), Kleingefieder, Körperfedern, Schwungfedern, Steuerfedern, Deckfedern

Unterschiede nach dem Alter:

– erstes Federkleid	***Nestlingskleid, Dunenkleid***
– Federkleid nach dem Nestlingskleid	***Jugendkleid***

– Federkleid nach dem Jugendkleid	***Alterskleid***

Unterschiede im Jahresablauf:

– je nach Jahreszeit:	***Schlichtkleid (Winterkleid), Brutkleid (Prachtkleid, Sommerkleid, Hochzeitskleid)***
– Wechsel des Gefieders	***Mauser***
– beim Auerwild und bei Wasservögeln	***Rauhe, Rauhzeit***

Körperliche Verfassung

– körperlicher Zustand des Wildes allgemein	***Konstitution***
– Ernährungszustand, allgemein, meist verwendet bei Jagdhunden, Beizvögeln und Frettchen	***Kondition***
– äußere Erscheinung (v.a. beim Jagdhund)	***Exterieur***
– massiger Körperbau (v.a. beim Jagdhund)	***schwerer Schlag***
– filigraner Körperbau (v. a. beim Jagdhund)	***leichter Schlag***
– groß und schwer	***stark***
– eher gut entwickelt bzw. veranlagt	***brav***
– klein, schwach oder jung	***gering***
– schwach, kränkelnd, kümmernd, „unschön“	***schlecht***
– außerordentlich stark in Körpergröße oder Trophäe	***kapital***
beim Schwarzwild statt „kapital“:	***grob***
– gut genährt, fett (bei Schalenwild, außer Schwarzwild)	***feist***
– alles, was „schön“, stark, günstig ist	***gut, (edel)***
– körperlich schlecht entwickelt, mager	***schwach, schlecht im Wildbret***
– bei schlechter Kondition	***abgekommen sein, kümmern***

starker, verhoffender Hirsch

Sinneseindrücke, Wahrnehmung, Verhalten dabei

Wahrnehmung:

– sehen, erblicken, hören (bei allem Haar- und Federwild sowie Hunden)	***äugen, eräugen, vernehmen, wahrnehmen***
– Wahrnehmung mit dem Geruchssinn (Schalenwild)	***wittern, winden***
– riechen (aktiv)	***Wind holen, Wind schöpfen***
– etwas Verdächtiges riechen	***Wind bekommen***

Verhalten:

– stehenbleiben und nach Verdächtigem schauen	***verhoffen***
– die Umgebung prüfen, ob Gefahr droht	***sichern***
– unruhig werden	***roglig werden***
– das Haupt heben (Schalenwild, außer Schwarzwild)	***aufwerfen***
– Mensch oder Hund nach deren Wahrnehmung angreifen (meist wenn angeschossen oder krank)	***annehmen***

Nahrung, Stoffwechsel

natürliche Nahrung:

– bei allem Wild, außer Schwarzwild und Raubwild	***Äsung***
– bei Schwarzwild und Raubwild	***Fraß***
– Beute des Raubwildes	***Riss***
– Früchte der Eichen und Buchen (auch Wildobstbäume)	***Mast***
– auf dem Boden liegende Mast (Schwarzwild, Dachs)	***Bodenmast***
– in der Erde befindlicher Fraß (Schwarzwild, Dachs), der gebrochen oder gestochen wird (Wurzeln, Würmer, Larven, Mäusenester u.ä.)	***Erdmast***

vorgelegte Nahrung:

– allgemein	***Futter***
– holzige Zweige samt Rinde und Knospen für Rotwild, Hasen oder Kaninchen	***Prossholz***
– bei Luftabschluss durch Gärung konserviertes Futter	***Silage***
– Futter zum Anlocken von Friedwild	***Kirrung***
– für Schwarzwild und für Hühnervögel ausgelegtes Futter allgemein	***Schütte, Geschütte***
– für Schwarzwild ausgelegtes Körnerfutter	***Körnung***
– Futter zum Anlocken von Raubwild bzw. Schwarzwild	***Luder***
– Nahrung für Beizvogel vom Falkner	***Atzung***

Nahrungsaufnahme:

– bei allen Wildarten, außer Schwarzwild, Raubwild und Greifvögeln	***äsen***
– bei Schwarzwild, Haarraubwild und bei Hunden	***fressen***
– bei Greifvögeln	***kröpfen, rupfen***
– beim Dachs	***auf die Weide gehen***
– wiederkäuen	***nachdrücken***
– Ergreifen der Beutetiere	***schlagen***
– bei Reb-, Schneehuhn, Fasan, Enten und Gänsen auch:	***weiden***
– bei Stockente: weitab vom Wasser zur Äsung einfallen und bei Wildtauben: Nahrungssuche auf Feldern	***feldern***
– Scharren des Schalenwildes, um unter dem Schnee liegende Äsung freizulegen	***schlagen, freischlagen, freiplätzen***

Trinken:

– beim Wild und beim Hund allgemein	***schöpfen***

- beim Schalenwild und Hund auch: *sich frischen*
- beim Auerhahn *sich tränken*
- bei Wildtauben *trinken*

Exkremente, Kot:
- beim Haarwild allgemein und bei Auer- und Trapphahn sowie bei der Schnepfe *Losung, (Gelöse)*
- bei Greifvögeln und beim Reiher *Geschmeiß*
- bei Beizvögeln *Schmelz*
- bei zum Niederwild zählendem Federwild (außer Schnepfe) *Gestüber*

- Exkremente absetzen (beim Haarwild sowie beim Federwild, das zur Hohen Jagd zählt) *sich lösen*
- beim Auerhahn (vom Baum herunter) *bröseln*
- bei der Schnepfe *kälken*
- bei Greifvögeln und beim Reiher *schmeißen, (kälken)*

- harnen bei allen Wildarten und beim Hund allgemein *feuchten, (feichten)*
  speziell beim Haarwild und auch beim Hund: *nässen*

Fortpflanzung

Fortpflanzungszeit:
- bei allen Schalenwildarten (außer Schwarzwild) *Brunft, Brunftzeit*
- beim Schwarzwild *Rauschzeit*
- beim Haarraubwild (außer beim Bären) *Ranzzeit*
  - beim Fuchs und Dachs auch: *Rollzeit*
- beim Bär und Murmeltier *Bärzeit*
- beim Hasen und Kaninchen *Rammelzeit*

- beim Federwild, das „balzt" (keine eindeutige Regel) *Balz, Balzzeit*
- beim Federwild, das sich eher unauffällig paart (z.B. Rebhühner, Greifvögel, Tauben usw.) *Paarzeit*
- beim Wassergeflügel, im Sinne „Partnersuche" *Reihzeit*

Brunft

treibender Bock

die Geiß
wird nach längerem Treiben
vom Bock beschlagen

Fortpflanzungs-Verhalten:

– Verhalten zur Fortpflanzungszeit beim Schalenwild (außer Schwarzwild)	***brunften***
– Sich-Paaren beim Schalenwild (außer Schwarzwild)	***beschlagen, aufreiten***
– beim Schwarzwild	***rauschen***
– beim Hasen und Kaninchen	***rammeln***
– beim Federwild allgemein	***betreten, treten, besteigen***
– Fortpflanzungsakt beenden	***abtreten***
– bei Greifvögeln auch:	***paaren***
– auffälliges Gebaren beim Federwild allgemein	***balzen***
– speziell bei Enten und Gänsen	***züchten***
– mehrere Erpel verfolgen eine Ente	***reihen***
– bei eher wenig spektakulärem Vorgehen	***sich paaren***

Trächtigsein:

– Zeit, in der weibliches Wild trächtig ist, allgemein	***Tragzeit***
– wenn weibliches Schalenwild trächtig ist	***beschlagen sein, beschlagen gehen***
– wenn kurz vor dem Setzen	***hochbeschlagen***
– beim Hasen, Kaninchen und Murmeltier	***trächtig sein, innehaben***
– beim Haarraubwild und Hund	***trächtig sein, dickgehen***

Zeit, in der Junge geboren werden:

– beim Schalenwild (außer Schwarzwild)	***Setzzeit***
– beim Schwarzwild	***Frischzeit***
– beim Hasen, Kaninchen und Murmeltier	***Satzzeit, Setzzeit***

gebären:

– beim Schalenwild (außer Schwarzwild)	***setzen***
– beim Schwarzwild	***frischen***
– beim Bären	***bären***

- beim Hasen, Kaninchen und Murmeltier — ***setzen, werfen***
- beim Haarraubwild und Hund — ***wölfen, (werfen)***
- zu früh stattfindende Geburt (Abortus) — ***verwerfen***

Jungtiere:

- beim Rot-, Dam-, Sikawild und Elch — ***Kalb***
- beim Reh-, Gams- und Steinwild — ***Kitz***
- beim Muffelwild — ***Lamm***

- beim Hasen:
  - Junge, bis etwa 10 Monate — ***Junghase***
  - Junge, etwa 6 Wochen, ein Viertel ausgewachsen — ***Quarthase***
  - Junge, etwa 2 bis 3 Monate — ***Halbhase***
  - Junge, etwa 3 bis 4 Monate — ***Dreiläufer***
  - zusammen geborene Junghasen — ***Satz***

- bei hunde- und marderartigem Raubwild und Hunden — ***Welpe***
- beim Kaninchen, Raubwild und bei Nagetieren (solange die Sinnesorgane noch unvollständig und Junge vom Muttertier betreut) — ***Nestjunges***

- Gesamtheit der gleichzeitig geworfenen Jungen beim Haarraubwild und beim Hund — ***Wurf***
- gesamter Wurf beim Haarraubwild (v.a. Fuchs und Wolf) einige Zeit nach der Geburt — ***Geheck***

- Gesamtheit der ins Nest oder in den Horst gelegten Eier — ***Gelege***
- Zeit, in der die Eier bebrütet werden — ***Brutzeit, Horstzeit***
- Zeit, in der Jungvögel aus den Eiern schlüpfen — ***Schlupfzeit***

- Gesamtheit der Jungvögel — ***Brut***
- flugunfähiger Jungvogel im Nest — ***Nestling***
- Jungvögel, die sehr schnell das Nest verlassen — ***Nestflüchter***
- Jungvögel, die bis zum Flüggewerden im Nest bleiben (z.B. Tauben, Singvögel, Greifvögel) — ***Nesthocker***
- junge Greifvögel, die den Horst bereits verlassen, ohne noch flugbar zu sein — ***Ästlinge***

- Zeit, in der sich die Nesthocker im Nest aufhalten und von den Alten gefüttert werden — ***Nestlingszeit***
- Federwild, das flugfähig geworden ist — ***flügge, flugbar***

- alle Jungen (samt Alter) beim Auer- und Birkwild, Haselwild, Trappe und Fasan — ***Gesperre***
- Brut bzw. Junge des Wassergeflügels — ***Geheck***

Jagdbetrieb und Jagdausübung

allgemeine Ausdrücke:

- alle Tätigkeiten der praktischen Jagdausübung — ***Jagdbetrieb, Jagdausübung***
- Jagdausübung unter Hervorhebung des jagdlichen Könnens und Beachtung der jagdlichen Bräuche — ***Weidwerk***

- im Staat rechtlich festgelegte Art der Jagdausübung — ***Jagdsystem***
- Jagdausübung in unter Berücksichtigung des Grundeigentums festgelegten Jagdrevieren — ***Reviersystem***
- Staat vergibt das Jagdrecht mittels Lizenzen — ***Lizenzsystem***
  ähnlich Lizenzsystem (Schweiz): ***Patentjagd***

- Beeinträchtigung des Wildes durch sehr intensive Jagd — ***Jagddruck***

- dem Jäger während einer Jagd zugewiesener Platz — ***Stand***
- bei einer Jagd oder in einem bestimmten Revier oder in einem bestimmten Zeitraum erlegtes Wild — ***Strecke***
- fachgerechtes Legen des erlegten Wildes — ***Streckenlegung***

Zur Person des Jägers:

- Jäger mit guten Fachkenntnissen, der zusätzlich die Regeln, Sitten und Bräuche der Jägerei beherrscht — ***Weidmann, fermer Jäger***
- passionierter und schneidiger Jäger — ***Nimrod***

- wenig erfahrener Jäger (verächtlich) — ***Sonntagsjäger***
- „modisch" gekleideter Jäger mit geringer Fachkenntnis (verächtlich) — ***Jagdfex***
- Jäger, der nur des Wildbrets wegen jagt (verächtlich) — ***Küchenjäger***

– Jäger, der unweidmännisch jagt	***Aasjäger, Afterjäger***
– Jäger, der nur schießt, ohne Wild zu hegen	***Schinder, Schießer***
– Person, die sich widerrechtlich Wild aneignet	***Wilderer, Wilddieb, Raubschütze***

Arten der Jagdausübung:

Einzelausübung:

– allgemein, auch mit Begleitung	***Einzeljagd***
– Wild hinter Schirm, auf Hochsitz o.ä. erwarten	***Ansitz, Anstand***
– Wild vorsichtig angehen	***Birsch, Pirsch***

Gesellschaftsjagd:

– Jagd im Zusammenwirken von Schützen, Treibern und Hunden, allgemein	***Treibjagd***
– Hasentreiben auf dem Feld, bei dem Schützen und Treiber kreisförmig aufeinander zugehen	***Kesseljagd, Kreisjagd, Kesseltreiben***
– Niederwild wird in unübersichtlichem Gelände auf feste Schützenstände zu getrieben	***Vorstehtreiben, Standtreiben***
– Schützen und Treiber gehen in breiter Front mit ihren Hunden vor	***Streifjagd, Streife***
– Sonderform mit vorgezogenen Flügeln:	***Böhmische Streife***
– wenn Schalenwild vorsichtig in Bewegung gebracht wird, ohne es richtig in Flucht zu versetzen	***Drückjagd***
– Drückjagd im Gebirge, Schützen stehen an Wechseln	***Riegeljagd***
– geselliges Beisammensein nach einer Gesellschaftsjagd	***Schüsseltrieb***

Jagd zur Paarungszeit:

– auf männliches Schalenwild	***Brunftjagd***
– auf balzenden Auer- und Birkhahn, aber auch auf Waldschnepfe, Tauben und Haselhahn	***Balzjagd***

Weitere Bezeichnungen:

– Jagd, die sich nur auf Erbeutung von Trophäen richtet	***Trophäenjagd***

– nach dem Pflanzenbewuchs, wo die Jagd stattfindet	***Waldjagd, Feldjagd, Wasserjagd***
– Jagd mit Lockinstrumenten	***Lockjagd, Rufjagd***
– Jagd mit Fanggeräten	***Fallenjagd***
– Jagd mit dem Uhu	***Hüttenjagd, Aufjagd***
– Jagd mit lebender Taube zum Fang von Greifvögeln, meist Habicht (historische Jagdart)	***Habichtsfang***

Jagd mit Hunden:

– Treibjagd mit laut jagender Bracke (meist Hase/Fuchs)	***Brackieren, Brackenjagd***
– Jagd mit leichten Hunden (Windhunden) auf Hase, Wolf, Fuchs, Dachs (historische Jagdart)	***Hetzjagd***
– Jagd mit schweren Hunden (Hatzhunden, Bullenbeißern) auf Sauen und Bären (historische Jagdart)	***Hatzjagd***
– Suchjagd mit Vorsteh- oder Stöberhund auf Niederwild in unübersichtlichem Gelände	***Buschieren***
– Jagd auf Fuchs, Dachs oder Kaninchen mit Bauhunden oder Frettchen	***Baujagd***

Jagdliche Verhaltensweisen:

– feststellen, wo Wild sich aufhält	***ausmachen, bestätigen, (bestatten)***
– Revier nach Fährten absuchen	***abfährten***
– Wild am Ansitz erwarten	***passen, ansitzen***
– sich vorsichtig dem Wild nähern	***anbirschen, angehen***
– gesehenes Wild beurteilen	***ansprechen***
– Wild auf sich zukommen lassen	***anlaufen lassen***
– durch Anfüttern Wild anlocken	***ludern, ankirren***
– Wild erbeuten	***erlegen, strecken, zur Strecke bringen***

– Wild durch Schuss verwunden	***krankschießen, anschießen, anschweißen, anflicken***
– angeschossenes Wild, das ungefunden verendet	***zu Holze schießen***
– krankes Schalenwild mit der Schusswaffe töten	***Fangschuss antragen***
– krankes Schalenwild mit der blanken Waffe töten	***abfangen, den Fang geben***
dazu verwendete Stichwaffe:	***Knicker, Hirschfänger***
– krankgeschossenes Federwild mit Schwungfeder töten	***abfedern***
– danebenschießen	***fehlen***
– Schuss, der daneben geht	***Fehlschuss***
– erfolglose Birsch	***Fehlbirsch***

Verhaltensweisen des Wildes vor/beim/nach dem Schuss:

– wenn Wild die Breitseite zeigt	***breit stehen***
– wenn Wild dem Jäger einen sicheren Schuss ermöglicht	***schussgerecht stehen***
– wenn Wild im Schuss stürzt	***im Feuer bleiben, stürzen, zusammenbrechen***
– Art, wie Wild bei Erhalt der Kugel reagiert	***zeichnen, Kugel quittieren***
– wenn krankgeschossenes Wild sein Rudel verlässt	***sich abtun***
– Stelle, an der das Wild bei Schussabgabe gestanden ist	***Anschuss***
– den Anschuss mit Zweig markieren	***Anschuss verbrechen***
– alle am Anschuss bzw. auf der Wundfährte gefundenen Zeichen, die auf den Sitz der Kugel schließen lassen (Eingriffe, Ausrisse usw.) – ebenso aber alle vom Wild herrührenden Zeichen im Revier wie Fährten, Betten, Fegestellen, Suhlen, Losung usw.	***Birschzeichen***

– Bewegungen des getroffenen Wildes, die auf den Sitz der Kugel schließen lassen	***Schusszeichen***
– vom Geschoß abgeschnittenes Haar (= Birschzeichen)	***Schnitthaar, Schlaghaar***
– samt der Wurzel ausgerissenes Haar vom Schalenwild	***Risshaar***
– Spur des Geschosses hinterm Anschuss bei Fehlschuss	***Kugelriss***
– Klang beim Auftreffen des Geschoßes auf Wildkörper, aber auch auf Baum oder Stein	***Kugelschlag***
– Sterben des Wildes durch den Jäger	***verenden***
– Sterben durch Altersschwäche oder Krankheit	***eingehen, fallen***
– eingegangenes Stück	***Fallwild***

Sitz der Kugel:

– Körperstelle, an der die Kugel auftraf	***Einschuss***
– Körperstelle, an der die Kugel austrat	***Ausschuss***
– Schuss aufs Blatt (Brustraum)	***Kammerschuss, Blattschuss, (Hochblattschuss, Tiefblattschuss)***
– Kugel durchschlägt Brustraum ohne große Zerstörung	***Hohlschuss***
– Sitz der Kugel zu weit hinten auf dem Wildkörper	***Weidwundschuss, Weichschuss***
– wenn Lauf getroffen	***Laufschuss***
– wenn Träger getroffen	***Trägerschuss***
– wenn nur Muskeln getroffen	***Wildbretschuss***
– wenn Dornfortsatz eines Rückenwirbels getroffen (auch bei Niederbrechen durch Streifschuss am Haupt)	***Krellschuss***
– Schrotkörner verletzen Ständer, Bein des Vogels hängt	***ständern***
– Schrotkörner verletzen Kopf, Auge oder Lunge, Vogel steilt senkrecht in die Höhe	***himmeln, türmen***
– Schrotkörner verletzen Flügel, Vogel flüchtet zu Fuß	***flügeln***

Nachsuche:

– Suche nicht in Sichtweite verendeten Wildes	***Nachsuche***
– das Wild bei der Nachsuche finden	***zustande bringen***
– Arbeit des Hundes bei der Nachsuche	***Schweißarbeit***
– Stelle, an der sich angeschossenes Wild niedertut	***Wundbett***
– im Wundbett sitzendes Wild hochmachen	***aufmüden***
– krankes Wild wendet sich abwehrend gegen Verfolger	***sich stellen***
– wenn Wild verwest	***verludern***
– in Fäulnis übergehen, verderben	***anbrüchig werden, verhitzen***

Behandlung des erlegten Wildes

– erlegtes Schalenwild heimschaffen	***bringen, liefern***
– Schalenwild zerteilen	***zerwirken***
– fahrbares Gerät zum Rotwildtransport	***Hirschkarren***
– Vorrichtung aus starken Ästen zum Wildtransport	***Schleppe***
– Wildtrage aus Holz	***Buckelkraxe, Kraxe***
– Tragevorrichtung für Kleinfederwild	***Galgen, Hühnergalgen***
– mit Jagdmesser Schneidevorgänge am Wild ausführen	***schärfen, aufschärfen***
– Öffnen der Bauchhöhle und Entfernen des Gescheides und Geräusches bei Schalenwild, Auerhahn, Schwan	***aufbrechen, ausweiden***
– Bauchdecke aufschärfen und aufspreizen	***lüften***
– erlegtes Wild mit Ästen als Sichtschutz abdecken	***verblenden***

- erlegtes Wild mit Kleidungsstücken, Patronenhülsen, Taschentuch „geruchlich schützen", um Schwarzwild, Raubwild oder Raubzeug fernzuhalten — ***Gespenst, ein Gespenst machen***

- Hinterläufe des erlegten Wildes durch die freigeschärften Sehnen der Vorderläufe stecken (für Transport) — ***schränken, knebeln***

- Harnblase entleeren bei Hase und Kaninchen — ***ausdrücken***
- Gescheide mit Schleuderbewegung herauswerfen (veraltete Methode) — ***auswerfen, ausschleudern***
- Gescheide entnehmen beim erlegten Federwild (außer Auerhahn und Trappe) — ***ausnehmen***
- Gescheide mit Haken durch Weidloch herausziehen (veraltet) — ***aushakeln, ausziehen***

- Gehörn oder Geweih absägen — ***abschlagen***

- beim Haarwild die Haut abziehen — ***aus der Decke schlagen, abdecken***
- Abstreifen des Balges beim Raubwild, Hasen und Kaninchen — ***abbalgen***

- Körper vom kleinen Haarwild (besonders beim Raubwild) nach dem Abbalgen oder Abschwarten — ***Kern***
- Fleischkern in der Lunte des Fuchses und des Luchses — ***Rübe***

3. Ausdrücke bei den Hauptwildarten

Rotwild (Hochwild, Edelwild)

Bezeichnungen:

männliches Tier:	
– allgemein	***Hirsch, (Geweihter)***
nach dem Alter:	
– im ersten Lebensjahr	***Hirschkalb***
– im zweiten Lebensjahr, mit seinem ersten Geweih	***Spießer***, ***Schmalspießer***, ***Knopfspießer***
– im zweiten Lebensjahr	***vom 1. Kopf***
– im dritten Lebensjahr	***vom 2. Kopf***
usw.	
nach dem Geweih:	
– Hirsch mit 4, 6, 8, 10 Enden usw.	***Gabler, Sechser, Achter, Zehner***
– Hirsch mit ungerader Endenzahl	***ungerader Sechser, Achter,*** usw.
– Hirsch ohne Augspross, aber mit Mittelspross o. mehr	***Hochgabler, Kronengabler***
– zusätzliche Unterscheidung bei Eisspross	***Eissprossachter (Spitzenachter), Eissprosszehner***
– junger Hirsch mit schwachem Geweih	***Schneider***
– junger, vielversprechender Hirsch	***Zukunftshirsch***
– schwacher Hirsch	***Abschusshirsch***
– hat das Geweih eine Krone	***Kronenhirsch***
– Hirsch in reifem Alter	***jagdbarer Hirsch***
– sehr guter, reifer Hirsch	***Kapitalhirsch***
– Hirsch mit besonders starkem Geweih	***Hochgeweihter***

– endenarmer Hirsch mit langen Spießen	***Schadhirsch**, **Mörder***
– dauernd geweihloser Hirsch	***Mönch, Plattkopf***
– Hirsch mit Wucherungen des Bastgeweihes	***Perückenhirsch***
im Jahresablauf:	
– Hirsch mit abgeworfenem Geweih	***kahl (niedrig) gehender Hirsch***
– während der Zeit des Geweihaufbaues	***Kolben-, Basthirsch***
– Hirsch nach vollendetem Geweihwachstum	***aufhabender Hirsch*** *(auch:)* ***Grashirsch***
– vom Fegen des Geweihs bis zur Brunft	***Feisthirsch***
– während der Brunft	***Brunfthirsch***
– Hirsch, der den Brunftplatz beherrscht	***Platzhirsch***
– Hirsch, der am Brunftplatz abgeschlagen wird (gilt auch für jüngere Hirsche, die sich während der Feistzeit an stärkere anschließen)	***Beihirsch***

weibliches Tier:

– allgemein	***Tier, Stuck***
– im ersten Lebensjahr	***Wildkalb, Tierkalb***
– im zweiten Lebensjahr	***Schmaltier***
– nach der ersten Brunft (sofern begattet)	***beschlagenes Schmaltier***
falls nicht begattet	***übergangenes (überlaufenes) Schmaltier***
– nach dem ersten Setzen (mindestens 2jährig)	***Alttier***
– Tier mit Kalb	***führendes Tier, Kälbertier***
– Tier ohne Kalb	***nichtführendes Tier***
– überaltertes bzw. krankes, alleingehendes Tier	***Gelttier***
– Sammelbezeichnung für Tiere und Kälber	***Kahlwild***

Körperteile:

– längliche Vertiefung im vorderen Augenwinkel	***Tränengrube, -höhle***
darin befindliches braunes Drüsensekret:	***Bezoar, Hirschbezoar***

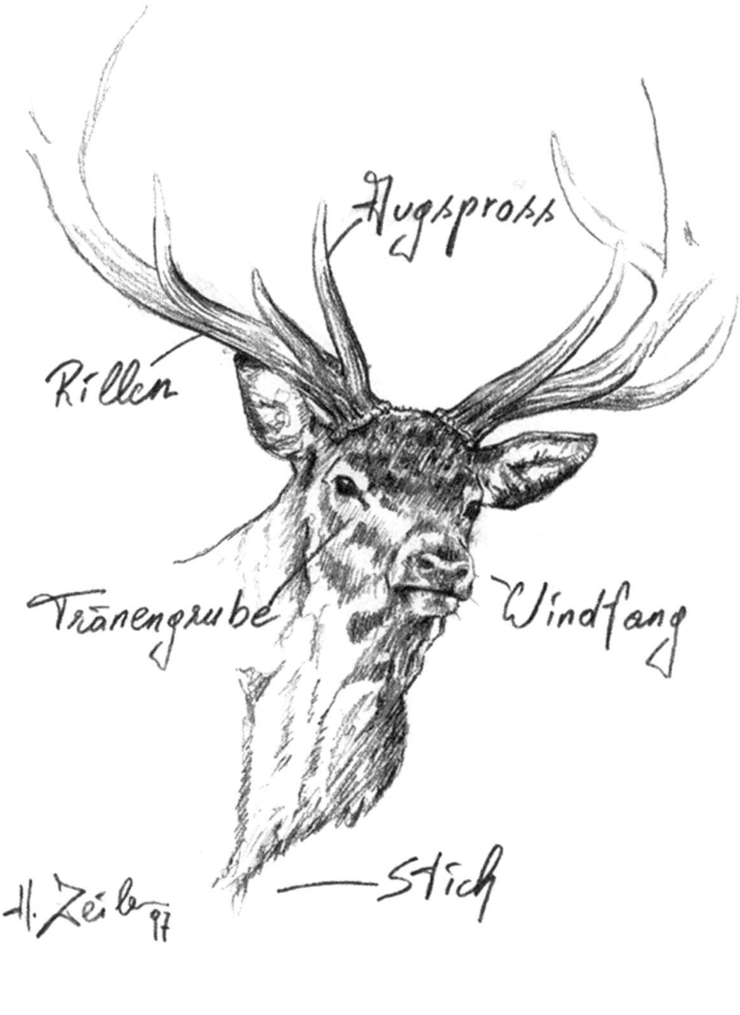
Augspross
Rillen
Tränengrube
Windfang
Stich
H. Zeiler 97

– Eckzähne im Oberkiefer	***Grandln, Granen, Haken, (Gräne)***
sie herausschneiden	***auslösen***
– Haut mit Haaren, Fell	***Decke***
– helle Flecken auf der Decke des Kalbes (bis zum Herbst vom nachwachsenden Haar überdeckt)	***Kälberflecken***
– lange Haare an der Trägerunterseite des Hirsches	***(Brunft-) Mähne, (Brunft-) Kragen***
– während der Brunft anschwellende Kopfhautdrüse	***Brunftfalte***
– vorderer Teil der Brust unterhalb des Trägers	***Stich***
– Kopf und Hals bis zur dritten Rippe	***Vorschlag***
– Schulterblatt	***Blatt***
– dunkler Haarstreif entlang des Rückgrates	***Aalstrich***
– dunkle Haarbürste unter dem Sprunggelenk	***Kastanie***
– dunkler Fleck an der Bauchdecke beim Brunfthirsch	***Brunftfleck, Brunftbrand***

Lautäußerungen:

– Schreien der Hirsche während der Brunft	***schreien, röhren, orgeln, melden***
– mäßig schreien	***schlecht melden***
– häufig und stark schreien	***gut melden***
– Hirsch hört zu röhren auf	***verschweigen***
– Laut des Hirsches beim Verfolgen des Tieres	***Sprengruf***
– verhaltene Lautäußerungen der Hirsche	***trenzen, knören***
– Laut des Tieres, um zu locken oder zu warnen	***mahnen***
– Laut bei nicht erkannter Gefahr	***schrecken***
– Schmerzäußerung	***klagen***

Nahrung, Stoffwechsel:

– fressen	***Äsung aufnehmen***
– Äsung aus Boden oder unterm Schnee ausscharren	***ausschlagen, freiplätzen***
– Wild durch Auslegen von Äsung anlocken	***ankirren, anäsen***

– wiederkäuen	***nachdrücken***
– Baumrinde benagen oder abziehen	***schälen***
– junge Baumtriebe abbeißen	***verbeißen***
– dick, fett sein	***feist sein, gut im Wildbret sein***
– körperlich schlecht entwickelt, mager	***schwach, gering, schlecht im Wildbret***
– durch Krankheit in der Entwicklung zurückbleiben	***kümmern, abkommen***
– Einzelteile der Losung	***Lorbeeren***

Fortpflanzung:

– Fortpflanzungszeit	***Brunft, Brunftzeit***
– fortpflanzungsbereit sein (Tier)	***brunftig sein***
– Höhepunkt der Brunft	***Hauptbrunft***
– Hirsch, durch Brunft körperlich stark abgekommen	***abgebrunftet***
– Ort, an dem sich die Brunft abspielt	***Brunftplatz***
– Rotwildrudel zur Fortpflanzungszeit	***Brunftrudel***
– Vertreiben des Beihirsches durch den Platzhirsch	***abschlagen, abkämpfen***
– den Rivalen mit dem Geweih verletzen oder töten	***forkeln***
– sich beim Kampf mit den Geweihen verfangen	***verkämpfen***
– der Hirsch treibt ein Tier aus dem Rudel heraus	***absprengen***
– der Hirsch zieht die Oberlippe hoch	***flehmen***
– der Hirsch verfolgt das brunftige Tier	***treiben, sprengen***
– der Hirsch besteigt das brunftige Tier	***aufsitzen***
– sich paaren	***beschlagen, bespringen, besteigen***
– der Hirsch gleitet nach dem Beschlag vom Tier	***abfallen***

Aufenthalt und Bewegung im Revier:

– vom Freien in den Wald gehen	***einziehen, zu Holze ziehen***
beim Hirsch auch:	***Kirchgang***

– zur Brunftzeit raufen	***kämpfen***
– spielerische Kämpfe geringer Hirsche	***scherzen***
– sich im Schlammwasser kühlen	***suhlen***
– Baum zum Scheuern nach dem Suhlen	***Malbaum***
– das Kalb ans Gesäuge lassen (nur beim Rotwild!)	***besäugen***

Jagd und Behandlung des erlegten Wildes:

– Gerät zum Verstärken der Nachahmung des Hirschrufs durch den Jäger bei der Lockjagd in der Brunft	***Hirschruf***
– versuchen, einen Brunfthirsch heranzuröhren	***anschreien***
– Geweih mit Teilen der Hirnschale absägen	***abschlagen***

Geweih:

– Hauptschmuck des Hirsches	***Geweih***
– einzelne Geweihteile	***Stangen***
– Stirnbeinaufsatz, auf dem die Stange sitzt	***Rosenstock, Stirnzapfen***
– unterster, kranzförmig erweiterter Teil der Stange	***Rose***
– einzelne Sprossen auf den Stangen	***Augspross, Eisspross, Mittelspross, Wolfspross, Gabel, Krone***

Besonderheit beim Eisspross:

Der über dem Augspross wachsende Eisspross ist nicht immer vorhanden und wird gesondert genannt, wenn der Hirsch keine Krone, dafür aber eine Eissprosse hat: ***Eissprosszehner, Eissprossachter***

Besonderheit beim Wolfspross:

Der Wolfspross (zwischen Mittelspross und Krone) ist eine Ausnahme in der Geweiharchitektur. Er ist typisch für Wapiti und Maral und wird meist zur Krone gezählt.

– zwei Enden am oberen Ende der Stange	***Gabel***
– mehr als zwei Enden am oberen Ende der Stange	***Krone***
je nach Ausformung spricht man von:	***Becher-, Schaufel-, Hand-, Kelch,- Doppelkrone***
– Erhebung an der Stange, die Ende andeutet	***Leiste, Markierleiste***
– wenn Sprosse nur als Erhebung angedeutet wird	***blenden***
– Erhebungen am fertigen Geweih	***Perlen***
– längsgerichtete Vertiefungen	***Rillen, Furchen, Riefen***
– Stellung der Stangen zueinander (*„gute“, „schlechte“, „weite“, „steile“ Auslage)*	***Auslage***
– gleiche Endenzahl auf beiden Stangen	***gerades Geweih***
– ungleiche Endenzahl	***ungerades Geweih***

jährliches Wachstum der Geweihe:

– jährliches Abstoßen der Geweihe	***abwerfen***
– Stangen, die abgeworfen wurden	***Abwurfstangen, Abwurf***
– Abbruchfläche am Rosenstock	***Petschaft, Siegel***
– Aufbauen des Geweihes	***schieben, aufsetzen***
– plüschartige Behaarung des wachsenden Geweihes	***Bast***
– Stangen während des Wachstums im weichen Zustand	***Kolben***
– Geweih ist ausgeformt und Enden verhärtet	***fertig vereckt***
– den Bast abschaben und abreiben	***(ver)fegen, verschlagen***
– mit dem Geweih in Bäume oder Geäst hauen	***schlagen***
– das Geweih gegen Mensch oder Hund senken	***das Geweih einlegen***
– ein geringeres Geweih als im Vorjahr schieben	***zurücksetzen***

Historische Begriffe:

– Hirsch bis zu 10 Enden	***angehend jagdbar***
– Hirsch mit 12 Enden und mehr	***jagdbar***
– weibliches Stück Rotwild (bis 16. Jh.)	***Hinde, Hindin***

Jagdarten mit Pferden und Hunden:

Nach der ursprünglichen, ungeregelten Hetzjagd mit Pferden hinter der laut jagenden Hundemeute – den ***Überlandjagden*** – bürgerte sich von Frankreich ausgehend eine besondere Jagdart ein, bei der nur ein bestimmtes, ausgewähltes Stück Rotwild verfolgt und erlegt wurde (***Parforcejagd***). Bei der Parforcejagd verfolgte die Hundemeute den Hirsch nur in Sicht (***à la vue***).
Anfangs unterschied man bei der Parforcejagd nicht nach Hunderassen, sondern nur nach zwei Hundegruppen (***Leithunde*** und ***Meute- oder Hetzhunde***).
Um den Hirsch leichter verfolgen zu können, wurde er oft zunächst verwundet (***bilbaudieren***).
War der Hirsch gestellt, wurde das Jagdsignal geblasen (***Halali*** – „Ha, da liegt er!“). War der Jagdherr beim Halali nicht zugegen, wurde dem Hirsch die Sehne an der Rückseite des Hinterlaufes oberhalb des Sprunggelenkes durchtrennt (***hächsen*** oder ***hessen***). Hatte der Jagdherr dem Hirsch den ***Fang*** gegeben, wurde dem erlegten Wild der rechte Vorderlauf abgeschärft und dem Jagdherrn als Trophäe (***Ehrenlauf***) überreicht. Gleich darauf wurden die Hunde dann mit Schweiß, Pansen und Milzstücken versorgt (***Curée, Genossenmachen, Gepfneisch***). Der Leithund, der das Wild ausgemacht hatte, wurde gesondert mit ausgewählten Teilen des erlegten Rotwildes genossen gemacht.

alte Jagdarten mit Gerätschaften:

- Jagdart, bei der Wild aus größeren Gebieten auf eine mit Tüchern umstellte Fläche zusammengetrieben und durch Aufrollen bestimmter Felder vor die Schützen gebracht wurde — ***eingestellte Jagd, gesperrte Jagd***

- Jagdart, bei der Wild gegen Zäune oder Hecken getrieben und dort in Netzen gefangen und getötet wurde — ***Heckenjagd, Hagenjagd***

- Jagdart mit speziell abgerichteten Hunden (Bracken) auf Rotwild im Gebirge — ***Brackenjagd***
- Wechsel, die das Wild – meist im Gebirge – infolge natürlicher Hindernisse einhalten muss und über die das Wild getrieben wurde — ***Zwangswechsel***

- Jagdausstattung zum Treiben und Fangen des Wildes — ***Jagdzeug***

- bewährte Arten des Jagdzeugs — ***Blendzeug, Sperrzeug und Netze***
- Blendzeug zum Schrecken und Scheuchen des Wildes — ***Federlappen, Tuchlappen***
- als Sperrzeug verwendete Vorrichtungen — ***Tücher (dunkl. Zeug), Netze (lichtes Zeug)***

Wissen, über das der hirschgerechte Jäger verfügen musste:

Insbesondere waren dies Unterscheidungs- bzw. Erkennungsmerkmale beim Rotwild, und hier vor allem beim Rothirsch (***hirschgerechte Zeichen***). Die Zeichen dienten zur Unterscheidung einer Hirschfährte von einer Tierfährte, zum Rückschluss auf das Alter und die Stärke eines bestimmten Hirsches und zu dessen Wiedererkennung. Vor allem der Führer des Leithundes, der ***Suchmann*** oder ***Besuchsjäger***, musste im 18. Jahrhundert 72 Zeichen erkennen, und zwar 48 ***Fährtenzeichen*** und 24 ***Hauptzeichen***, die nicht in Verbindung mit der Fährte stehen. Auf den Kenntnissen des Suchmannes beruhte hauptsächlich der Erfolg einer Jagd.
Der Jäger heute ist im Allgemeinen kaum mehr in der Lage, die hirschgerechten Zeichen zu erkennnen. Eine Reihe dieser Zeichen können aber auch einem guten Jäger der Gegenwart noch gute Dienste erweisen und sollten nicht völlig in Vergessenheit geraten.

Fährtenzeichen:

Abdruck und Größe der Ballen geben ein deutliches Zeichen, ob es sich um Kalb, Schmal- bzw. Alttier oder um einen Hirsch handelt (***Trittsiegel*** oder ***Ballenzeichen***).
Die Form der Schalenspitzen im Trittsiegel weisen auf das Alter des Hirsches hin (***Stumpf***, ***Stümpfe***).
Der „weiche Teil“ an der Unterseite der Schalen ist beim Spießer etwa halb so stark wie beim Alttier, ist tiefer abgedrückt und hat eine eher längliche Form (***Ballen***).
Die zwei rückgebildeten Zehen, die beim Schalenwild – mit Ausnahme vom Schwarzwild – selten abgedrückt werden und stets in der Verlängerung der Schalen stehen, sind ein Haupterkennungszeichen im tiefen Boden oder in der Flucht. Der Abdruck ist bei der Tierfährte länglich spitz, bei der Hirschfährte hingegen breit und stumpf.
Die Stümpfe und der Abstand der Oberrücken von den Ballen nehmen mit der Stärke des Hirsches zu (***Oberrücken***, ***Oberballen***, ***Geäfter***).
Wenn der Hirsch die Schalen beim Ziehen zusammendrückt und die zusammengepresste Erde oder den Schnee nach rückwärts drückt („zwingt“), spricht man vom ***Zwang*** oder ***Zwängen***.
Weil die Schalen des Rotwildes zwischen Rand und Spitze hohl sind, entsteht eine Erhöhung in der Fährte zwischen Ballen- und Schalenspitzenabdruck. Beim Hirsch ist das deutlicher ausgeprägt und länger als beim Tier (***Burgstall***).

In der Fährte bleibt bei schwächeren Stücken zwischen den Schalen des Vorderlaufes ein kleiner Erdstreifen zurück, seltener bei Alttieren und starken Hirschen (***Näslein***). In Verlängerung des Näsleins kann durch den ganzen Spalt der Schalen ein scharfkantiger Strich auf lehmigem Boden oder Schnee zurückbleiben. Dieser weist fast immer auf einen Hirsch hin und kommt nur selten auch bei weiblichem Rotwild vor (***Faden*** oder ***Fädchen***).

Gräser, die durch die Kanten der Schalen des Hirsches abgeschnitten werden, nennt man ***Abtritt*** oder ***Abschnitt***. Je nachdem, ob die abgetretenen Gräser verwelkt sind, kann man Rückschlüsse ziehen, wann der Hirsch durchgezogen ist. Der leichtere Tritt des Tieres drückt das Gras nur in den Boden.

Wenn abgetretenes Gras oder Getreidehalme zwischen den Schalen klemmen und erst später abfallen, oder wenn Moos von den Schalen ausgerissen und mit den Wurzeln nach oben gekehrt liegen bleibt, spricht man vom ***Einschlag*** oder ***Umschlag*** bzw. vom ***Mitnehmen*** oder ***Auswurf***. – Je nachdem, ob das Gras noch frisch oder schon trocken ist, kann man das Alter der Fährte anschätzen.

Der Abstand der Tritte voneinander ist beim Hirsch größer als beim Tier und nimmt mit der Stärke des Hirsches zu. Ein Hirsch vom dritten Kopf hat bereits einen längeren Schritt als ein starkes Alttier. Anhand der Schrittlänge kann auf das Geschlecht und auf die Stärke geschlossen werden (***Schritt***, ***Schrittweite***).

Die Abweichung der Tritte von der Körpermittellinie nennt man ***Schrank*** (***schränken***). Beim jungen Rotwild bilden die Trittsiegel beim Ziehen fast eine Linie – es schränkt kaum. Gewöhnlich ist auch der Schrank des Tieres kaum merklich. Nur mit der Zunahme der Stärke nimmt auch das Maß des Schrankes zu, aber auch in diesen Fällen schränkt das Rotwild weniger, je rascher es sich fortbewegt. Der Hirsch schränkt immer stärker als das weibliche Rotwild, am meisten während der Feistzeit und am wenigsten nach der Brunft. Hochbeschlagene Tiere schränken oft ähnlich wie der Hirsch. – Meist schränken beschlagene Tiere nur einige Schritte lang.

Wenn Feisthirsche oder tragende Tiere mit dem Hinterlauf etwa zwei Zentimeter neben den Vorderlauf treten, spricht man vom ***Beitritt***. Wenn der Tritt des Hinterlaufes fast genau in den des Vorderlaufes eingeschoben wird und diesen größer erscheinen lässt, ist das ein Zeichen geringer Hirsche und heißt ***blenden***. Wenn der Hirsch beim Ziehen den Hinterlauf so neben das Trittsiegel des Vorderlaufes stellt, als ob drei Ballen im Boden wären, heißt es ***Kreuztritt***, ***Kreuzfährte*** oder ***Dreiballenzeichen***. Der Kreuztritt kommt hauptsächlich beim Feisthirsch, aber auch beim hochbeschlagenen Tier vor.

Wenn der Hirsch das Trittsiegel des Hinterlaufes in der Weise auf das des Vorderlaufes legt, dass von diesem nur die vordere Hälfte sichtbar ist, spricht man vom ***Ereilen***. Auch Alttiere haben manchmal dieses Zeichen.

Wenn der Hirsch beim Ziehen den Tritt des Hinterlaufes vor den des Vorderlaufes setzt, spricht man vom ***Übereilen***. Dies ist ein Zeichen für junge Hirsche. Dabei kann der Hirsch mit dem Hinterlauf so auf das Trittsiegel des Vorderlaufes steigen, dass alle vier Ballen deutlich sichtbar sind (***Vierballenzeichen***).

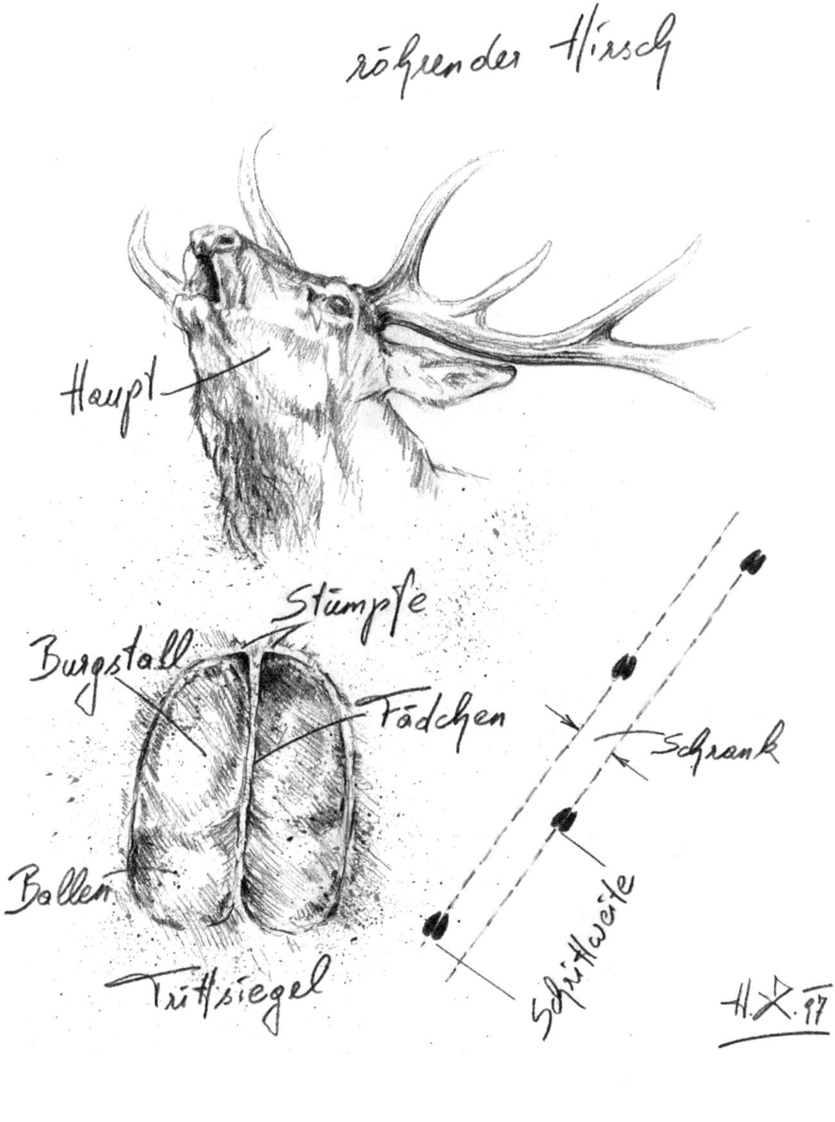
röhrender Hirsch
Haupt
Stümpfe
Burgstall
Fädchen
Schrank
Ballen
Schrittweite
Trittsiegel

Wenn der Hirsch den Hinterlauf hinter den Tritt des Vorderlaufes setzt, spricht man vom ***Zurückbleiben***, ***Hinterbleiben***, ***Hinterlassen***. Das kommt in der Regel nur bei älteren und bei alten Hirschen vor – je älter sie sind, um so weiter bleiben sie zurück. Es kann auch bei hochbeschlagenen Tieren vorkommen.
Beim Ziehen der Hirsche auf feuchtem oder lehmigem Boden und bei Schnee bleiben Erd- oder Schneeklumpen an den Schalen hängen, die später abfallen. Dies ist ein Zeichen der Hirsche, kommt aber auch bei weiblichem Rotwild vor – dann sind die Klumpen aber kleiner (***Insiegel***).
Beim Ziehen über Gras, Laub und Moos reißt der Hirsch dieses mit den Läufen hoch, sodass es umgedreht („umgeschlagen") liegen bleibt. Man spricht dann vom bereits vorhin erwähnten ***Umschlag***.

Hauptzeichen:

Losung: Die Losung des Hirsches ist das ganze Jahr über von der Losung des Tieres zu unterscheiden, nachdem die ***Lorbeeren*** des Hirsches an einem Ende eine Vertiefung (***Näpfchen***) und am gegenüberliegenden Ende ein ***Zäpfchen*** haben, die lose ineinander greifen. Die Tierlosung ist länglicher und an beiden Enden fast abgerundet.

Nässen: Der Hirsch nässt zwischen die vier Fährtentritte, das Tier feuchtet zwischen die Hinterlauftritte.

Plätzen: Der Hirsch schlägt mit den Läufen den Boden auf und setzt sich darauf, um sich abzukühlen. Er plätzt besonders in der Brunft.

Scherzen: Der Hirsch wirft mit dem Geweih Erde, Gras und Moospolster hoch.

Himmelszeichen:

> ***Fegen*** und ***Schlagen***: Der Hirsch fegt an Stangenhölzern den Bast in um so höherer Entfernung vom Boden, je stärker er an Wildbret und Geweih ist.
> ***Wenden***: Beim Durchziehen durch Laubholz knickt und „wendet" der Hirsch mit seinem Geweih die im Wege stehenden Zweige.
> ***Wimbel*** oder ***Wimpel***: Der Hirsch zerwühlt mit dem Geweih einen Ameisenhaufen. Ein nicht immer zutreffendes Hirschzeichen, weil nicht nur die Hirsche mit ihren Geweihen, sondern auch die Tiere mit ihren Vorderläufen Ameisenhaufen auseinanderwerfen.

Damwild

Bezeichnungen:

männliches Tier:

– allgemein	***Damhirsch***
– im ersten Lebensjahr	***Damhirschkalb***
– nach dem Aufsetzen der ersten Spieße – erster Kopf	***Damspießer***
– im zweiten bis dritten Kopf, mit einsetzender Schaufelbildung bzw. Verbreiterung der Enden	***Löffler, (Sprossler, Knieper)***
– mit mäßiger Schaufelbildung	***Halbschaufler, angehender Schaufler***
– Hirsch mit breiten Schaufeln	***Schaufler***
– mit besonders guter Schaufelbildung	***Vollschaufler, Hauptschaufler***
– Enden am hinteren Schaufelrand	***Dorn, Sporn, Haken***
– Schaufeln mit Einkerbungen, die sich mit zunehmendem Alter in der Regel schließen	***Schlitzschaufeln***

weibliches Tier:

– allgemein	***Damtier***
– im ersten Lebensjahr	***Damwildkalb***
– im zweiten Lebensjahr bis zum Setzen	***Damschmaltier***

Die übrigen Bezeichnungen beim Damwild sind gleich wie beim Rotwild, jedoch mit einigen Ausnahmen:

Körperteile:

– helle Flecken auf der Decke des Kalbes, die auch bei erwachsenen Stücken (Ausnahme: weißes und fast schwarzes Damwild) im Sommerkleid erhalten bleiben	***Kälberflecken***
– Eckzähne (seltener als beim Rotwild!)	***Grandln***

Lautäußerungen:

– Brunftlaut des Damhirsches, ein krächzendes Röcheln	***Brunftschrei, (Knören)***
– Lautäußerung zum Kontakthalten zwischen Alttieren und Kälbern	***blöken, mahnen, (gluchsen)***
– Lautäußerung der Kälber	***fiepen***

Fortpflanzung:

– das weibliche Wild am Brunftplatz treiben	***sprengen***
– mit den Vorderläufen flache Gruben ausschlagen, in die der Brunftschaufler nässt und sich niedertut	***Brunftkuhle***

Aufenthalt und Bewegung im Revier:

– Verband, Gemeinschaft des Damwildes	***Rudel, Trupp***
– wenn Damwild überrascht wird, hochflüchtig abgeht und zuerst mit allen Vieren gleichzeitig hochspringt	***einspringen***

Jagd und Behandlung des erlegten Wildes:

– getroffenes Wild presst den Wedel auf das Weidloch	***klemmen***
– wird Damwild gefehlt, so schlägt es mit dem Wedel	***klatschen, applaudieren***

Geweih:

– Eindrücke der Blutgefäße am fertig gefegten Geweih	***Rillen***
– erster Spross auf der Stange, nach vorn weisend	***Augspross***
– nach oben sich verbreiternde Stange	***Schaufel***
– hinteres, höher gelegenes Ende, wenn es senkrecht nach innen gebogen ist	***Sporn, Winkelspross***
– wenn Geweih nicht abgeworfen und das neue bereits geschoben wurde (beim Damwild nicht selten)	***Doppelgeweih, Doppelkopf***

Vollschaufler

Historische Begriffe:

– alte Bezeichnungen für Damwild allgemein	***Tamwild, Tannenwild, Tendelwild, Damenwild, Donl***
– bis Ende des 19. Jahrhunderts	***Dambock, Damgeiß***
– Dam-Schmaltier	***Fern, Fernetier***

Der Damhirsch war in der antiken Mythologie ein von den Gottheiten äußerst geschätztes und geschütztes Tier. Mit seiner gefleckten Decke galt er als Sinnbild des Sternenhimmels und war auch ein Symbol der Jagdgöttin Artemis, die zugleich als Mondgöttin verehrt wurde.

Nach seiner Einbürgerung in Europa war das Damwild einst nur ein Tier der Wildparke. – Im 16. Jahrhundert gab es in der Umgebung von Wien gleich vier kaiserliche „***Tendelgärten***": in Laxenburg, Ebersdorf, Wiener Neustadt und bei der Katterburg im heutigen Park von Schönbrunn.

Wie das Rotwild wurde auch Damwild in den Tiergärten bei gesperrten oder eingestellten Jagden bejagt. Dabei benutzte man als „***dunkles Zeug***" eine starke, rund drei Meter hohe Leinwand – obwohl Damwild kaum halb so groß ist wie Rotwild.

Rehwild

Bezeichnungen:

<u>männliches Tier:</u>

– allgemein	***Rehbock, Bock***

n a c h d e m A l t e r :

– im ersten Lebensjahr	***Bockkitz***
– im zweiten Lebensjahr	***Jahrling, Jährling***

n a c h d e m G e w e i h :

– nur Knöpfe statt Geweih	***Knopfbock, Knopfer, Knopfspießer, Knöpfler***
– ohne zusätzlichem Spross zum Hauptspross	***Spießer, Spießbock***
– mindestens eine Stange zweisprossig	***Gabler, Gabelbock***
– mindestens eine Stange dreisprossig	***Sechser, Sechserbock***
– bei gleicher Endenzahl beider Stangen	***gerader Sechser, Achter,*** *usw.*
– bei ungleicher Endenzahl	***ungerader Sechser,*** *usw.*
– Bock während des Geweihwachstums	***Bastbock, Kolbenbock***
– älterer Bock mit langen, dolchartigen Spießen	***Mörder***
– Bock, der nach Geweih oder Körperbau nicht den Vorstellungen der Jäger entsprach	***Abschussbock***
– reifer Bock	***Erntebock***

<u>weibliches Tier:</u>

– allgemein	***Rehgeiß, Geiß***
– im ersten Lebensjahr	***Geißkitz***
– im zweiten Lebensjahr	***Schmalreh, Schmalgeiß, Schmale***
– sobald die Geiß gesetzt hat	***Altgeiß, Altreh, Geiß***

– Geiß mit Kitz(en)	***führende Geiß***
– Geiß ohne Kitz(e)	***nichtführende Geiß***
– ältere Geiß, die nicht führt	***Geltgeiß***
– mehrere Rehe (mehr als drei)	***Sprung***

Körperteile:

Die meisten Bezeichnungen sind sinngemäß gleich wie beim Rotwild, sofern nicht anders angegeben:

– weißer Fleck an der Trägerunterseite im Winterhaar	***Drosselfleck***
– heller Fleck ums Weidloch im Winterkleid	***Spiegel***
– Haarbüschel an der Brunftrute	***Pinsel***
– Haarbüschel ums Feuchtblatt der Geiß	***Schürze, Wasserzeichen***
– Nase	***Windfang, Muffel***
– heller Fleck über dem Windfang	***Muffelfleck***
– kurzer Schwanzstummel, nur sichtbar beim Lösen	***Wedel, Blume***
– Eckzähne im Oberkiefer (beim Rehwild sehr selten)	***Grandln***

Lautäußerungen:

– häufigste Lautäußerung beim Rehwild	***schrecken, (schelten), (schimpfen)***
– gedehntes Schrecken	***schmälen***
– Lockruf der Rehgeiß und Ruf vom Kitz	***fiepen***
– Laute des Bockes beim Treiben der Geiß	***keuchen***
– gellender Laut der Geiß, wenn vom Bock bedrängt	***Sprengfiep***
– plärrender Laut bei Angst	***Angstgeschrei***
– plärrender Laut bei Schmerz	***klagen***

Fortpflanzung:

– Fortpflanzungszeit	***Brunft, Blattzeit***
– Rehbock beginnt zu brunften	***in die Brunft treten***
– Rehbock hört auf zu brunften	***aus der Brunft treten***
– Nachbrunft im November/Dezember	***Afterbrunft***

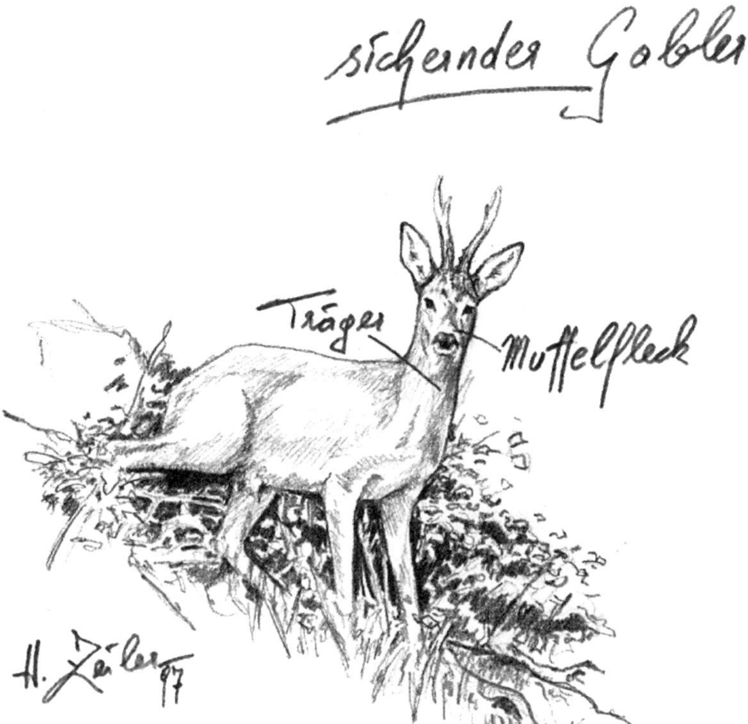
sichernder Gabler
Träger
Muffelfleck
H. Zeiler 97

– Unterbrechung der embryonalen Entwicklung	***Eiruhe, Keimruhe, Vortragezeit***
– Verfolgen der Geiß durch den Bock	***sprengen***
– Verjagen eines anderen Bockes während der Brunft durch den Bock und Verjagen des Vorjahrskitzes durch die Geiß bei Nahen der Setzzeit	***absprengen***
– beim Treiben kreis- oder achterförmig ausgetretene Grasnarbe rund um Baum, Gebüsch o.ä.	***Hexenring***

Aufenthalt und Bewegung im Revier:

– ein Hindernis überspringen	***übersetzen***
– Bast vom Geweih streifen	***fegen***
– „Grenzmarkieren" an Junggehölz mit Geweih	***schlagen***
– „Grenzmarkieren" durch Scharren mit Vorderlauf	***plätzen***
– Rehwild mit Lebensraum offenes Feld	***Feldrehe***

Jagd und Behandlung des erlegten Wildes:

– Feststellen von Standort und Wechsel des Bockes	***bestätigen, bestatten***
– genaues Beurteilen eines gesehenen Wildes	***ansprechen***
– Geiß nachahmen, um den Bock heranzulocken	***blatteln, blatten***
– Instrument zur Nachahmung des Fiepens der Geiß	***Blatter, Rehblatter***
– Herankommen des Bockes durch Blatten	***springen***
– falsches Blatten, das den Bock vergrämt	***verblatten***
– Reaktion auf Schuss, der getroffen hat	***zeichnen***
– Töten eines kranken Stückes durch Stich ins Genick	***abgnicken, abnicken***

Geweih:

allgemein	***Geweih, Gwichtl, Krone, Gehörn***
– neues Geweih aufbauen	***schieben, aufsetzen***
– ein Geweih tragen	***aufhaben***
– das Geweih abstoßen	***abwerfen***
– abgeworfene Stange	***Abwurf***

Perlen
Rosen
Licht
Äser

– flache, tellerartige Rosen	***Tellerrosen***
– nach unten gezogene Rosen	***Dachrosen***
– weitere kleine Rose(n) am Rosenstock, aus denen eine dritte und vierte Stange wachsen können	***Afterrose, Afterstange***
– nach vorn stehendes Ende	***Kampfspross, Vorderspross***
– nach hinten stehendes Ende	***Rückspross, Endspross, Hinterspross***
– Hauptstange	***Mittelspross, Stangenspross***
– wenn Erstlingsgeweih nicht abgeworfen und neues Geweih darüber geschoben wurde (bei Rehen selten!)	***Doppelkopf***
– bei großer Kälte während Bastzeit abgefrorenes Geweih	***Frostgeweih***
– abnorme Verdickung durch Frost, nicht verfegt	***Pechgeweih***
– Bastwucherungen nach Verletzung der Brunftkugeln, die weder gefegt noch abgeworfen werden	***Perückengeweih***
– abnorme Geweihformen, vermutlich aufgrund von Stoffwechselstörungen oder Parasitenbefall	***Kümmerer, Blasengeweih, Widdergeweih, Korkenziehergeweih***
– nach Bruch des Rosenstockes zur Bastzeit wird eine Stange nur mehr von Basthaut gehalten	***Pendelstange***

Historische Begriffe:

– alte Bezeichnungen	***Rech*** (*Mz.* ***Reher***), ***(Naschwild)***

Rehwild war bis hin zum Beginn des 20. Jahrhunderts jagdlich wenig bedeutend, zählte fast überall zum Niederwild und zum ***Reisgejaid*** (weil die Jagd im „Reise", im Unterholz, stattfand) und hatte auch keine Schonzeit. Direkt nachgestellt wurde dem Rehwild selten. Meist wurde es gleich bei ***Drück-***, ***Klopf-*** oder ***Treibjagden*** auf andere Wildarten geschossen oder in Fallnetzen mit dem ***Rehgarn*** gefangen, das, locker auf Stangen aufgelegt, beim Anprallen des flüchtigen Wildes herabfiel, worauf dieses sich darin verwickelte.

Gamswild (Gams, Krickelwild, Gratwild)

Bezeichnungen:

– Gams des Kahlgebirges	***Steingams, Gratwild***
– Gams der Krummholzzone	***Latschengams***
– Gams, der großteils in der Waldzone lebt	***Waldgams***
– Gams im hellen Sommerkleid	***Sommergams***
– Gams im dunklen Winterkleid	***Wintergams***
– Schwärzlingsform	***Kohlgams***
– an übersichtlicher Stelle Wache haltender Gams	***Wachgams***

männliches Tier:

– allgemein	***Gamsbock, Bock***
– im ersten Lebensjahr	***Bockkitz***
– einjähriges Stück	***Jahrling, Jährling***
– Bock der tieferen Regionen	***Laub(er)bock***
– Bock im Winterhaar mit Bart	***Bartbock, Bartgams***
– Bock mit stark verpechter Krucke	***Pechbock***
– besonders starker Bock	***Hakler***

weibliches Tier:

– allgemein	***Gamsgais, Gais***
– im ersten Lebensjahr	***Gaiskitz***
– weibliches Stück, bevor es das erste Kitz setzt	***Schmalgais***
– Gais, die nicht mehr aufnimmt	***Geltgais, kalte Goas***
– dominierende Gais im Rudel	***Leitgais, Kopfgams***

Körperteile:

– Kopf	***Haupt, Grind***
– dunkler Streifen am Rücken im Sommerhaar	***Aalstrich, Aalstreifen***
– dunkle Backenstreifen am Haupt	***Zügel***
– Hell-Dunkel-Zeichnung des Hauptes	***Maske***
– Drüsen am Hinterhaupt des Bockes	***Brunftfeigen***

– aus der Decke wachsende Horngebilde	***Hauthörner***
– Kugeln im Weidsack aus Harz, Haar und unverdauten Pflanzenteilen	***Bezoarsteine, Gamskugeln***
– weiße Spitzen der Rückenhaare des Bockes	***Reif, Reim, Pfreim***
– Bart ohne Reif	***blinder Bart***
– sehr starker Bart	***Wachler***

Lautäußerungen:

– bei Gefahr	***pfeifen***
– Brunftlaut des Bockes	***blädern***
– Bock beim Treiben der Gais	***keuchen***
– Kitzlaut	***meckern***
– Schmerzlaut	***klagen***

Fortpflanzung:

– Fortpflanzungszeit	***Brunftzeit, Brunft***
– Treiben der Gais und Vertreiben des Nebenbuhlers	***sprengen***
– den Nebenbuhler besiegen	***abkämpfen***
– Gamsbock, am Ende der Brunft abgekommen	***abgebrunftet***

Aufenthalt und Bewegung im Revier:

– Verband, Gemeinschaft des Gamswildes	***Rudel***
– Gaisen, Kitze und junge Böcke	***Scharwild, Scharl, Geraffel***
– Klettern des Gamswildes im Gebirge	***steigen, ersteigen***
– plötzliches, kurzes Verhoffen auf der Flucht	***Haberl, Standerl***
– in unzugänglichen Einstand im Fels ziehen	***einspringen***
– unzugänglicher Einstand im Fels	***Einsprung***
– Lieblingsstandort des Gamswildes im Gebirgsrevier	***Gamshamatl, Gamsmutter, Gamsstubn***
– plötzlich einfallender Nebel im Berg	***Gamshüter***

Gamsbock im Winter
Wachler
Krucke
Zügel
Pinsel
H. Zeiler 97

- Schnee zwingt Gams in Tallagen — ***drücken***

- Angreifen und Kämpfen des Bockes mit der Krucke — ***hakeln***
- Nicht-mehr-Führen einer Gais — ***gelt gehen***

Jagd und Behandlung des erlegten Wildes:

- die Barthaare ausrupfen — ***rupfen, bärteln***
- Laut, der durch das Anschlagen der Metallspitze des Bergstockes auf Steinen entsteht — ***Gams(glocken)läuten***

Krucken:

- Hörner (auf Stirnzapfen sitzende Hornschläuche) — ***Krucken, Krickeln***
- Krümmung im oberen Teil der Gamskrucke — ***Hakelung***
- Einschnürungen an der Krucke, anhand welcher sich das Alter bestimmen lässt — ***Jahresringe***
- Jahresschub im fünften Lebensjahr, etwa 1 cm breit — ***Zentimeterring***
- Jahresschübe ab 6. Lj., nur mehr 1 bis 2 mm breit — ***Millimeterringe***
- wulstige Ringe zwischen den Jahresringen, vom Alter unabhängig — ***Schmuckringe***
- Krucke mit viel Pech — ***Pechkrucke***

Historische Begriffe:

Gamswild zählte seit der Antike zu den geheimnisvollen Tieren mit einer hervorragenden Stellung in der Volksmedizin, weshalb ihm in den Alpen stark nachgestellt wurde. Mit Treibern und ***Gamshunden*** (Bracken) wurde Gamswild in ***Stellwände*** und über Zwangswechsel getrieben.
Von Kaiser Maximilian I. wurde der Gams entweder mit der ***Armbrust*** aus der Wand geschossen oder mit dem etwa 4 Meter langen ***Gamsschaft*** herausgeworfen.
Um nahe an das Wild heranzukommen, waren bei den Gebirglern auch Kopfbedeckungen mit aufgesetzten Gamskrucken üblich (***Gamshauben***).
Erst Erzherzog Johann führte den geregelten ***Gamsriegler*** ein, bei dem das Gamswild von wenigen Treibern über Zwangswechsel den Schützen zugetrieben wurde. Gamsriegler durften nur alle vier bis fünf Jahre abgehalten werden, und der Abschuss erfolgte quer durch alle Altersstufen. Bei der solcherart geregelten Bejagung – mit einschüssigen Vorderladern! – erholte sich der Gamsbestand rasch wieder. Bis ins 20. Jahrhundert zählte der Gamsriegler zur beliebtesten Art der Gamsbejagung.

Steinwild (Alpensteinbock, Fahlwild)

Bezeichnungen:

– männliches Tier	***Steinbock***
– weibliches Tier	***Steingais***
– Kitze	***Steinkitz***
– Kreuzung zwischen Steinbock und Ziege	***Blendling***
– Verband, Gemeinschaft des Steinwildes	***Rudel***

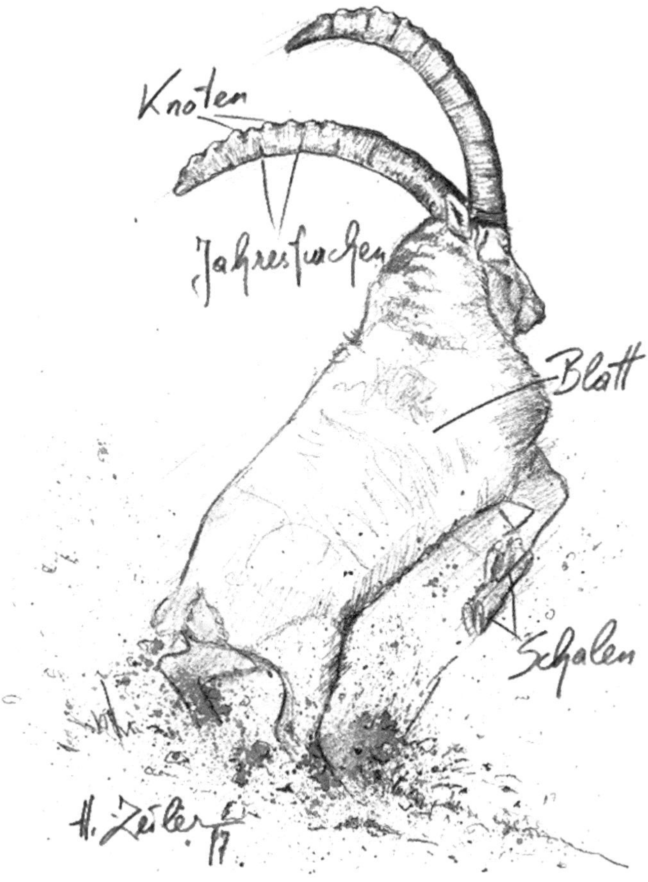

Körperteile:

– kurzer Kinnbart beim Steinbock	***Ziegenbart***
– Verknöcherung im Herzmuskel	***Herzkreuz***

Die Bezeichnungen bei den Sinneseindrücken, der Nahrung, des Stoffwechsels, bei Fortpflanzung und Jagd sind sinngemäß wie beim Gams- bzw. Rotwild anzuwenden.

Gehörn:

– allgemein	***Horn, Gehörn***
– nur beim Bock:	***Aufsatz***
– zusätzliche Bezeichnung für Jahresringe	***Jahresfurchen***
– Hornwülste auf der Vorderseite (1 bis 2 pro Jahr)	***Knoten, Schmuckwülste, Schmuckrippen***

Historisches:

Steinböcken schrieb man seit biblischen Zeiten eine besondere Zauberkraft zu, und es gab nichts am Steinwild, dem man nicht eine Heilwirkung zugesprochen hätte. Dadurch unterlag das Steinwild einer außerordentlich starken Verfolgung und war zu Anfang des 20. Jahrhunderts – bis auf einen kleinen Rest im Aostatal – in den Alpen nahezu ausgerottet. Seither bemühte man sich erfolgreich um Wiedereinbürgerungen. Heute ist das Steinwildvorkommen in den Alpen gesichert.

Muffelwild (Mufflon, Moufflon)

Bezeichnungen:

– männliches Tier	***Widder***
– weibliches Tier	***Schaf, Wildschaf***
– ab dem 2. Lebensjahr bis Setzen des ersten Lammes	***Schmalschaf***
– nicht führendes oder unfruchtbares Schaf	***Geltschaf***
– Junges	***Lamm, Widderlamm, Schaflamm***
– größere Muffelwildgruppe	***Rudel***
– kleinere Muffelwildgruppe	***Sprung***

Körperteile:

– Haare am Träger des Widders	***Vlies, Kragen***
– heller bis fast weißer seitlicher Fleck beim Widder im Winterhaar (ab etwa zwei Jahren)	***Schabracke, Sattelfleck***
– Färbung um Lichter und Äser	***Brille, Maske***

Lautäußerungen:

– Warnlaut	***pfeifen***
– Aufstampfen mit dem Vorderlauf beim Warnlaut	***klopfen***
– Heben des Hauptes und Öffnen des Äsers beim brunftenden Widder, mit leisem brummenden Ton	***flehmen***
– Blöken der Schafe	***bähen***
– verhaltener Laut der Schafe und Lämmer	***meckern***
– Bewegung des Äsers mit seltsamem Klang	***muffeln***
– Schmerzäußerung	***klagen***

Gehörn:

– allgemein	***Schnecke***

– einzelne Hörner	***Schläuche***
– kleine Hörner bei den Schafen (nur fallweise)	***Stümpfe***
– abnormes Schneckenwachstum Richtung Träger	***Einwachser***
– Schneckenspitzen scheuern an Träger oder Haupt	***Scheurer***
– Einschnürung zu Jahresende	***Jahresrille***
– wulstförmige Ringelungen ab dem 3. Lebensjahr	***Monatsrillen, Schmuckrillen***

Historische Begriffe:

– alter Ausdruck für Muffelwild	***Weißarsch***

Die eigentliche Heimat des Muffelwildes ist Sardinien und Korsika, es wurde aber schon von den Römern zu Schauzwecken im Zirkus, in Gärten oder Menagerien am Festland gehalten. Ein Rest jener Muffel, die Prinz Eugen von Savoyen um 1729 direkt aus Sardinien eingeführt und in seinem Tiergarten beim Belvedere in Wien gehalten hat, kam rund zwanzig Jahre nach seinem Tod in die kaiserliche Menagerie nach Schönbrunn und von Schönbrunn im Jahre 1840 in den Tiergarten des Kaisers, der heute als Lainzer Tiergarten bezeichnet wird.
Ursprünglich war Muffelwild kein „jagdbares Wild", sondern diente mit seinem attraktiven Äußeren mehr zu Schauzwecken und zum Verkauf in lebendem Zustand. In verschiedenen Gatterrevieren versuchte man zur „Acclimatisation" des Muffelwildes, das zu jener Zeit dem rauen mitteleuropäischen Klima noch nicht gewachsen schien, durch Kreuzungen mit Schaf- und Ziegenrassen robustere Exemplare aufzubringen.
Weil es einst nur wenige Mufflons gab und diese sich sehr leicht kreuzen lassen, sind allmählich alle „reinrassigen" untergegangen – selbst in Sardinien und Korsika. Von den ***Bastarden*** oder ***Blendlingen*** wurden zwar nur die „besseren" zur weiteren Zucht benutzt, aber es gibt dennoch weder in der freien Wildbahn, noch in Gattern „echte reinrassige Muffel". Dies erklärt die unterschiedlichen Erfahrungen mit dieser Wildart und ihr ungleiches Verhalten.

"Weißarsch"
Schnecken
Schabracke
Vlies
H. Zeiler 97

Schwarzwild (Schwarzkittel, Sauen)

Bezeichnungen:

männliches Tier:

– allgemein	***Keiler, Basse, (Becker)***
– im ersten Lebensjahr	***Frischling***
– Frischling im gestreiften Jugendkleid (ca. 3 Monate)	***Marcassin, (Magazindl)***
– im zweiten Lebensjahr	***Überläufer, Überläuferkeiler***
– drei- bis vierjähriger Keiler	***angehender Keiler, Hosenflicker***
– Keiler im fünften/sechsten Lebensjahr	***hauender Keiler, gutes Schwein***
– Keiler im siebten Lebensjahr und darüber	***Hauptschwein, grobe Sau, (grober Basse)***
– Keiler mit dicker Kruste von Schlamm, Harz, Borsten oder Schweiß aus Verletzungen am Blatt	***Panzerschwein, Harnischschwein***

weibliches Tier:

– allgemein	***Bache***
– im ersten Lebensjahr	***Frischling***
– im zweiten Lebensjahr	***Überläufer, Überläuferbache***
– ab dem vierten Lebensjahr	***starke (grobe) Bache***
– Bache mit Jungen	***führende Bache***
– mehrere Sauen	***Rotte***

Körperteile:

– Kopf	***Kopf, (Haupt)***
– Maul	***Gebrech***

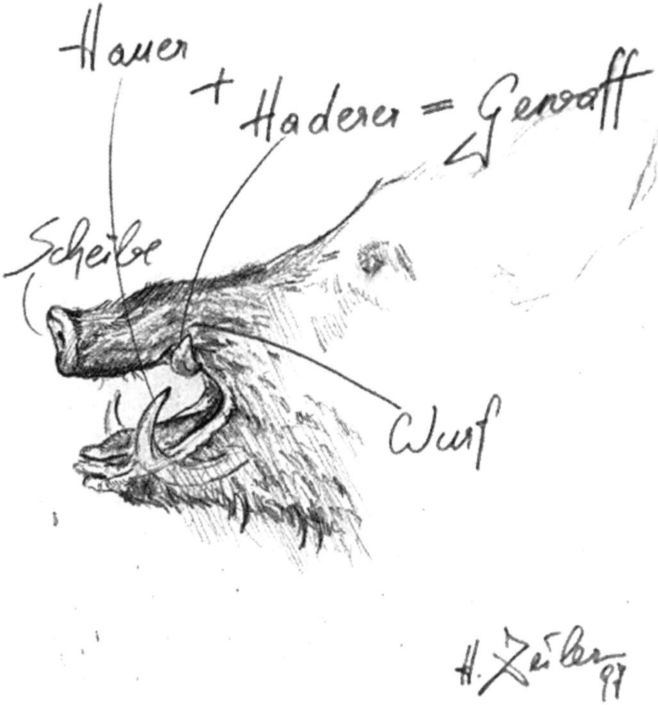
Hauer
+
Haderer = Gewaff
Scheibe
Wurf

– Rüssel	***Wurf, Scheibe***
– Oberkiefer	***Oberwurf***
– Unterkiefer	***Unterwurf***
– Eckzähne im Unterkiefer	***Hauer, Gewehre, (Wetzer)***
– Eckzähne im Oberkiefer	***Haderer***
– Eckzähne der Bache in Ober- und Unterkiefer	***Haken***
– Hauer und Haderer zusammen	***Gewaff, Waffen***
– Augen	***Lichter***
– Ohr	***Teller, Gehöre, (Schüssel)***
– Haarbüschel am Teller	***Oberpinsel***
– Hals	***Hals***
– Teil vom Nacken und Vorderrücken	***Kamm***
– Kruste (Schlamm, Harz, Schweiß) auf den Schultern	***Schild, Panzer***
– Seite, Flanke	***Dünnung, Wamme***
– Wildbret hinter den Rippen (ums Gescheide)	***Lisen, Flissen***
– Beine	***Läufe, (Hämmer)***
– Klauen	***Schalen***
– hinterer weicher Wulst an der Unterseite der Schalen	***Ballen***
– am Fesselgelenk stehende Klauen	***Geäfter***
– Schwanz	***Bürzel, Pürzel, Ringel, Federlein***
– Haarbüschel am Bürzel	***Quaste***
– Geschlechtsteile des Keilers	***Feuchtglied, Kurzwildbret***
– Haarbüschel am Geschlechtsteil des Keilers	***Pinsel***
– weiblicher Geschlechtsteil	***Rauschknospe***
– Haare	***Borsten***
– dichte Winterbehaarung zwischen den Borsten	***Unterwolle***
– lange Borsten am Vorderrücken des Keilers im Winter	***Federn***
– im Frühjahr und Herbst das Haar wechseln	***versetzen***
– Haut	***Schwarte***

– Magen	***Magen, Großes Gescheide, Weidsack***
– Fett	***Weißes, Weiß***

Sinneseindrücke:

– sehen	***äugen***
– hören	***vernehmen***
– riechen	***wittern, winden, Wind bekommen***

Lautäußerungen:

– allgemeine Lautäußerung, vor allem beim Fressen	***grunzen, schmatzen***
– erregt, misstrauisch, warnend	***blasen***
– Laute beim Brechen	***schnaufen***
– Zusammenschlagen des Gewaffs wütender Keiler	***wetzen***
– Schmerzäußerung	***klagen, kreischen, quieken***

Nahrung, Stoffwechsel:

– Nahrung	***Fraß, Mast, (Gefräß)***
– vorgelegte Nahrung für das Schwarzwild	***Schütte***
– Platz, an dem Schwarzwild gefüttert wird	***Schüttplatz, Schütte, Luderplatz***
– Anlocken der Sauen	***körnen, kirren, anludern***
– Nahrung, die Sauen auf dem Boden finden	***Obermast***
– Nahrung im Boden	***Erdmast, Untermast, (Wuhl)***
– Nahrung aufnehmen	***fressen***
– mit dem Rüssel im Boden wühlen	***brechen, im Gebräch stehen***
– von Sauen aufgewühlter Boden	***Gebräch***
– wenn Sauen umherziehen, ohne lange zu brechen	***sich umtun***

– Exkremente	***Losung***
– Exkremente absondern	***sich lösen***
– harnen	***nässen, feuchten***

Fortpflanzung:

– Fortpflanzungszeit	***Rauschzeit***
– sich paaren	***rauschen***
– gebären	***frischen***

Aufenthalt und Bewegung im Revier:

– sich zur Wehr setzen	***sich stellen***
– angreifen, auf Hund oder Jäger losgehen	***annehmen***
– in Erregung die Borsten aufsträuben	***anborsten***
– Schlagen der Sauen untereinander	***kämpfen***
– Absondern des starken Keilers von der Rotte	***sich abschlagen***
– sich in einer Dickung befinden	***stecken***
– sich niedertun	***sich einschieben***
– Liegestatt der Sau	***Lager***
– Lager einer Rotte	***Kessel***
– Herstellen des Lagers	***kesseln, das Lager brechen***
– niedergetan sein	***im Lager liegen***
– sich im Schlamm wälzen	***suhlen, (prudeln)***
– Baum, an dem sich die Sauen nach der Suhle reiben	***Malbaum***
– Abdrucken des Geäfters im Boden	***aftern***
– Stumpfwerden der Schalen mit zunehmendem Alter	***abgreifen***

Jagd und Behandlung des erlegten Wildes:

– feststellen, wo die Sauen in einer Dickung sind	***ausmachen, festmachen, (ein)kreisen***
– Schwarzwild aus dem Kessel jagen	***sprengen***
– wenn Hunde eine Sau zum Stehenbleiben zwingen	***stellen***
– Festhalten der gestellten Sau durch Hunde	***decken, festmachen***

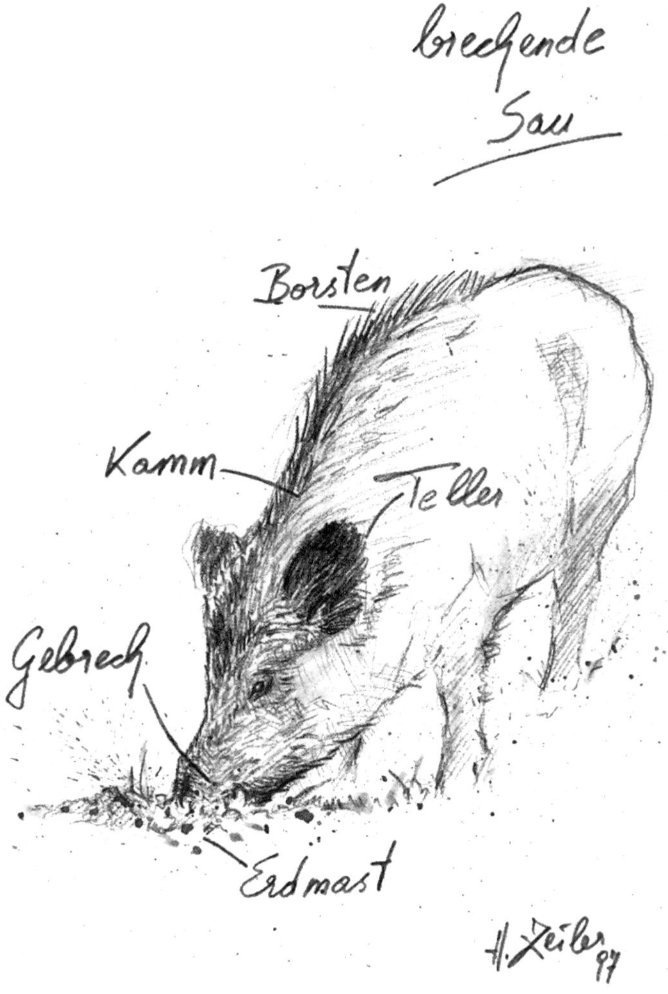
brechende
Sau
Borsten
Kamm
Teller
Gebrech
Erdmast
H. Zeiler 97

- Hunde mit dem Gewaff abwehren — ***streiten, abschlagen***
- sich von den Hunden befreien — ***sich losschlagen, durchgehen***
- einen Mensch oder Hund beim Angriff verletzen — ***schlagen***

- die Haut abziehen — ***abschwarten***
- gerupfte und „verkehrt“ nach oben gebundene Borsten — ***Saubart***

Historische Begriffe:

- starker Keiler — ***Saubär***

Die Bezeichnung ***Bache*** war im Mittelhochdeutschen noch üblich für „Wildschwein“ generell. Den jüngeren Keiler bezeichnete man als ***Bacher*** oder ***Becker***. Der „Keiler“ kommt vereinzelt erst im 17. Jahrhundert auf, aber noch als ***Käuler***, ***Keuler*** oder ***Keyler***.

alte Jagdarten:

Das Schwarzwild zählte einst zu jenem Wild, an dem man seinen Mut prüfen und sein Geschick im Gebrauch von Jagdspeer und Schwert vorführen konnte.
Das Fangen und Niedermachen erfolgte in Netzen **(*Schweinssäcke*)**, mit welchen gewohnte Wechsel abgesperrt wurden. Von den Hunden gestellte Sauen stieß man mit hölzernen Spießen mit Eisenspitzen, den ***Saufedern***, oder mit dem ***Jagdschwert*** in Richtung Herz **(*abfangen*)**. Verletzte oder in die Enge getriebene Sauen stürmten in entgegengehaltene Saufedern **(*auflaufen*)**. Um ein zu tiefes Eindringen zu verhindern, gab es am Schaft die ***Parierstange***.
Zur Hetzjagd auf Schwarzwild **(*Sauhatz*)** hielt man eigene Hunde, und zwar erfahrene Exemplare mit feiner Nase, welche die Sauen – und kein anderes Wild – finden und verbellen mussten **(*Saufinder*)**. Weiters hatte man noch schwere ***Hatzhunde***, die vom Riemen gelöst wurden **(*schnallen*)**. Wenn der Saufinder die Sauen ausgemacht hatte mussten die ***Saupacker*** **(*Saurüden*)** das Schwein an den Tellern so lange festhalten bis die gestellte Sau abgefangen werden konnte. Zum Schutz gegen Schläge der Sauen trugen die Saupacker lederne Panzer oder Jacken.

Konservieren des Wildbrets:

Das Wildbret des Schwarzwildes ist äußerst empfindlich, es ***verhitzt*** sehr schnell, wird ***anbrüchig*** und somit genussuntauglich. Dies wusste man auch früher und verkohlte daher die Borsten des erlegten Schwarzwildes mit glühenden Eisen, um es länger haltbar zu machen **(*abbrennen*)**.

Hase (Feldhase und Schneehase)

Bezeichnungen:

– Feldhase, auch:	***Löffelmann, Mümmelmann, Krummer***
– Schneehase, auch:	***Alpenhase***
– männliches Tier	***Rammler***
– weibliches Tier	***Häsin, Setzhase, Satzhase***
– Junge, bis etwa 10 Monate	***Junghase***
– Junge, etwa 6 Wochen, viertel ausgewachsen	***Quarthase***
– Junge, etwa 2 bis 3 Monate	***Halbhase***
– Junge, etwa 3 bis 4 Monate	***Dreiläufer***
– zusammen geborene Junghasen	***Satz***
– alle Hasen im Revier	***Besatz***
– Bezeichnung des Hasen in der Fabel	***Lampe***

Körperteile:

– Kopf	***Kopf***
– Barthaare, die zu einem kleinen Rad gebunden werden	***Hasenbart***
– Maul	***Geäse***
– Furche, die Oberlippe des Hasen in zwei Hälften teilt	***Hasenscharte***
– Schneidezähne	***Nager***
– Augen	***Seher, (Augen)***
– Nase	***Nase***
– Ohren	***Löffel***
– Beine allgemein	***Läufe***
– Hinterläufe	***Sprünge, Springer***
– Milchdrüse	***Gesäuge***
– Gebärmutter	***Tracht***
– Gedärme	***Gescheide***

– After	***Weidloch***
– Schwanz	***Blume, (Federlein)***
– Fleisch	***Wildbret***
– Herz, Lunge, Leber sowie unedle Wildbretreste	***Hasenklein, Hasenjunges***
– aus Hasenklein zubereitete Speise	***Hasenpfeffer***
– Fett	***Fett, Hasenschmalz***
– Fell	***Balg***
– Haare	***Wolle***
– Hasenhaare, die nach Kampf zurückbleiben	***Rammelwolle***
– das Haar wechseln	***verhären, hären***
nur beim Schneehasen:	***verfärben***
– heller Fleck auf der Stirn der Junghasen	***Stern***

Sinneseindrücke:

– sehen, hören, riechen	***äugen, vernehmen, winden, wittern***
– bemerken	***wahrnehmen***
– sich sorglos benehmen	***vertraut sein***

Lautäußerungen:

– Schmerzlaut	***klagen, quäken***

Nahrung, Stoffwechsel:

– Nahrung aufnehmen	***äsen***
– Grashalme oder Blätter abbeißen	***abschneiden***
– Pflanzentriebe abbeißen und abprossen	***verbeißen***
– wohlgenährt und groß	***stark, gut bei Leibe***
– mager und klein	***schwach, schlecht bei Leibe***
– durch Hunger oder Krankheit Gewicht verlieren	***abkommen, kümmer***
– Exkremente, Kot	***Losung***
– harnen	***nässen, feuchten***

er macht einen Kegel

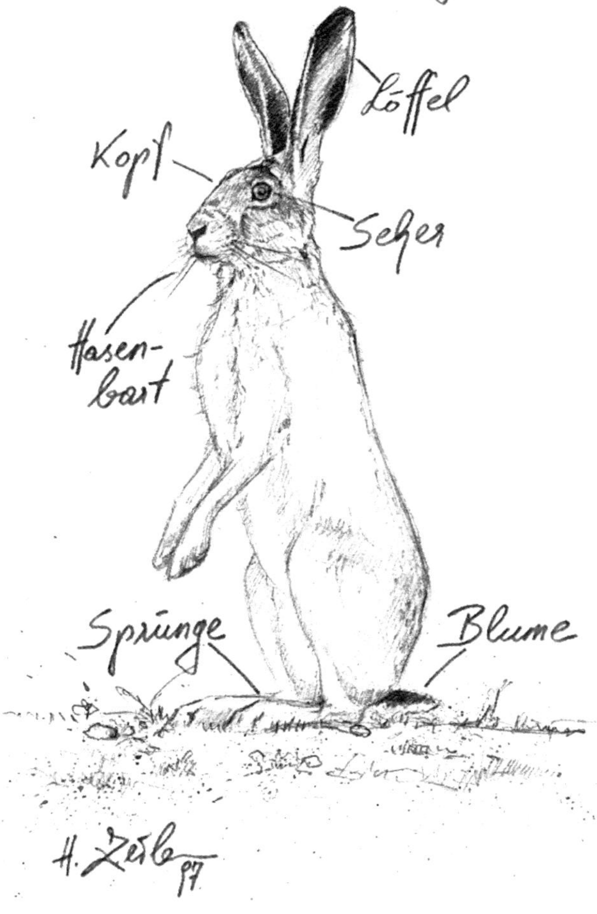

Fortpflanzung:

– Fortpflanzungszeit	***Rammelzeit***
– sich paaren	***rammeln***
– Beendigung der Rammelzeit	***abrammeln***
– trächtig sein	***innehaben***
– Zeit der Geburt von Junghasen	***Satzzeit***
– gebären	***setzen, werfen***

Aufenthalt und Bewegung im Revier:

– Revierteil, in dem es viele Hasen gibt	***Hasenkammer***
– Liegestatt im Revier	***Sasse, Lager***
– sich in die Sasse niedertun	***sich lagern***
– sich in der Sasse befinden	***in der Sasse liegen***
– sich in der Sasse klein machen	***sich drücken***
– aus der Sasse laufen	***aus der Sasse fahren, aufstehen***
– früh aus der Sasse fahren	***locker liegen***
– im letzten Moment aus der Sasse laufen	***fest liegen***
– Aufjagen der Hasen	***aufstoßen, hochmachen, aufschrecken***
– Aufjagen der Hasen mit Hunden	***aufstechen***

Fortbewegungsarten:

– normale Fortbewegung	***gehen***
– sich langsam bewegen	***hoppeln***
– kleinräumige Bewegung, unter häufigem Äsen	***rutschen***
– vom Wald zum Feld bewegen	***zu Felde rücken***
– vom Feld zum Wald bewegen	***zu Walde rücken***
– rasch laufen	***flüchten, flüchtig sein***
– seitlicher Sprung von der Spur	***Absprung***
– in die eigene Spur zurückkehren	***Widergang***

– bei der Flucht die Richtung ändern	***Haken schlagen***
– aufrecht sitzen, Vorderläufe und Sprünge auf der Erde	***hocken, sitzen***
– nur auf den Sohlen der Sprünge stehen	***Kegel machen***
– sich aufrichten, nur auf Spitzen der Sprünge stehen	***Männchen machen***
– schnelles Schlagen mit den Läufen	***trommeln***
– Einzelabdruck der Pfote	***Tritt***
– Trittreihe	***Spur***
– regelmäßig benützter Weg	***Pass***
– Pass, den sich der Hase z.B. im Getreide freibeißt	***Hasensteig, Hexensteig***
– vom Feld zum Wald führender Pass	***Einlauf***
– vom Wald zum Feld führender Pass	***Auslauf***
– tiefer Neuschnee, in den sich Hasen einschneien lassen	***Hasenschnee***

Jagd und Behandlung des erlegten Wildes:

– hölzerne Klappern zum Hochmachen der Hasen	***Hasenklappern***
– unweidmännische Bejagung (z.B. Schuss in die Sasse)	***Aasjägerei***
– wenn bei einem Stand viele Hasen kommen	***guter Anlauf***
– Hasen stehen auf, wenn Jäger noch weit entfernt	***schlecht halten***
– Hasen lassen Jäger nahe heran	***gut halten***
– Hasen lassen Jäger oder Treiber vorbeigehen	***s. übergehen lassen, sich drücken***
– Abgehen der Felder mit Hunden	***absuchen***
– Wild durch Stöber- oder Brackierhund hochmachen	***stechen***
– wenn Hase nicht tödlich getroffen wird	***anbleien, anflicken, anschießen***
– Bezeichnung für Schrotschuss, der Hasen nur streift	***kämmen***
– wenn der Hase tödlich getroffen wird und stürzt	***roulieren, rollieren, Kopf stehen***
– kranken Hasen durch Schlag hinter die Löffel töten	***abschlagen***
– erlegtem Hasen die Blase entleeren	***ausdrücken, entnässen***
– Schnitt zwischen Sehne und Hinterlaufknochen, zum Durchstecken des zweiten Sprunges (für Transport)	***hessen, hächsen, schränken***

- Gescheide (Gedärme) entfernen — ***ausweiden, auswerfen***
- herausgenommenes Gescheide — ***Auswurf***
- Balg abziehen — ***abbalgen, abstreifen***

Historische Begriffe:

- veraltet für Blume des Hasen, die bei der Flucht deutlich sichtbar ist (das „Hasenpanier") — ***Hasenpanner***
- vorstehendes, gebogenes Knöchelchen im Hessengelenk unten, dem man Wunderwirkungen zusprach, später auch für Pfeifenräumer verwendet — ***Hasensprung***
- Dämon, der Streifen in die Saaten schneidet (alter Volksglaube) — ***Billwiss***
- Hasensteig, Hexensteig — ***Billwissschnitt***

alte Jagdarten:

Der Hase war das begehrteste Jagdwild der Antike und wurde von den Jägern sowohl zu Fuß, als auch beritten, meist mit ***Spür-*** und ***Laufhunden*** in Netze getrieben oder mit dem ***Jagdspieß*** (mit zwei Spitzen) erlegt.

Ab dem Mittelalter kamen weitere Jagdarten auf:

Die ***Hasenkur (Passe)***; sie erfolgte durch Ansitz der Jäger beim Ein- und Auslauf am Waldrand – dazu eigneten sich Morgen- und Abenddämmerung am besten ***(Kurzeit)***.
Außerdem gab es die Jagd mit den etwa 50 Meter langen und 1 Meter hohen, locker aufgerichteten Fangnetzen ***(Hasengarn, Fanggarn)***, gegen welche die Hasen durch die Treiber gedrückt wurden. Gleiche Netze verwendete man bei der Streifjagd, allerdings straff gespannt ***(Prellnetze)***. Sie dienten nicht zum Fangen, sondern um ein Auswechseln der Hasen zu verhindern.
Auch die Treibjagd mit Bracken kam auf. Dies war keine Hetze im gewöhnlichen Sinne, sondern die Hasen wurden aus der Sasse gestoßen und laut jagend getrieben ***(Brackenjagd)***.

Mit Windhunden und berittenen Jägern wurden Hasen bei der ***Windhetze*** oder ***Parforcejagd*** so lange zu Pferd verfolgt – ***forciert*** oder ***bugsiert*** –, bis sie nicht mehr weiter konnten ***(totreiten)***.

Kaninchen (Kanikl, Karnikl, Künigl, Sandhase)

Die Bezeichnungen in der Jägersprache sind im Allgemeinen wie beim Hasen. Eigens für das Kaninchen verwendet man nur nachstehende Ausdrücke:

– männliches Tier	***Kaninchenrammler, Bock***
– weibliches Tier	***Kaninchenhäsin***
– Junges	***Jungkaninchen***
– Gesellschaft	***Kolonie***
– unterirdische Wohnhöhle	***Bau***
– Anlegen der Baue	***Baue graben***
– Aus-, Zugang und unterirdische Gänge	***Röhre***
– Einmündung an der Erdoberfläche	***Einfahrt, Ausfahrt, Ausgang***
– Aufenthaltsraum im Bau	***Kessel, Kammer***
– bewohnter Bau	***befahrener Bau***
– von der Kaninchenhäsin gegrabene Röhre zum Setzen	***Setzröhre***
– Haarwechsel	***verfärben***
– Klopfen mit den Hinterläufen zur Warnung	***trommeln***
– Drüsen auf beiden Seiten der Schwanzwurzel	***Kaninchendrüse***
– Jagd mit dem Iltis	***frettieren***
– Netz über den Baueingängen zum Fangen	***Kaninchenhaube***

Historisches:

Auch in vergangenen Jahrhunderten bejagte man Kaninchen. Die Jagd erfolgte im Allgemeinen wie die beim Hasen. Hauptsächlich zur Kaninchenjagd verwendete man aber die kleine Abart der Windhunde, die ***Windspiele***.

Murmeltier (Murmel, Mankei, Missbellerl)

Bezeichnungen:

– männliches Tier	***Bär***
– weibliches Tier	***Katz, führende Katz, Mütterin***
– Junges	***Affe***

Körperteile:

– Ohren	***Gehöre***
– Augen	***Seher***
– orange bis braunrote obere Schneidezähne	***Nager, Grandln***
– Nase	***Nase***
– Pfote	***Brante mit Nägeln***
– Schwanz	***Rute, Bürzel***
– Haut	***Balg, Häutl, Schwart***
– Fett	***Fett, Schmalz***

Sinneseindrücke:

– sehen	***äugen***
– hören	***vernehmen***
– riechen	***winden***

Lautäußerungen:

– Warnlaute abgeben	***pfeifen***

Nahrung, Stoffwechsel:

– Nahrung	***Äsung***
– zur Nahrungssuche gehen	***auf die Weide gehen***

Gehör
Nase
Brante mit Nägeln
H. Zeiler 97

– Nahrung aufnehmen	***äsen***
– Trocknen und Einbringen von Gras in den Bau	***einheuen***

Fortpflanzung:

– Fortpflanzungszeit	***Bärzeit, (Brunft)***
– trächtig sein	***innehaben***
– gebären	***werfen***
– Jungtiere eines Geburtsaktes	***Satz***

Aufenthalt und Bewegung im Revier:

– Bewohner von in Kontaktweite liegenden Bauen	***Kolonie***
– unterirdische Behausung	***Bau (Sommerbau, Winterbau)***
– Wohnhöhle im Bau	***Schopf***
– sich im Bau aufhalten	***im Bau stecken***
– aufrecht stehen und Gegend aufmerksam beobachten	***kegeln***
– Bauverschluss aus Gras, Steinen und Erde im Winter	***Zapfen***
– Zugang zum Winterbau mit dem Zapfen verschließen	***zuschlagen***

Jagd und Behandlung des erlegten Wildes:

– Murmeltierjagd	***Passen, Mankeipassen***
– die Haut abziehen	***abbalgen, abschwarten***
– Innereien entfernen	***aufbrechen***

Historisches:

Weil man dem ***Mankeischmalz*** oder ***Mankeiöl*** – das zerlassene Schmalz der Murmeltiere gerinnt nicht mehr – besondere Heilkraft zuschrieb, wurden in vergangenen Jahrhunderten außerordentlich hohe Beträge auch für geringe Mengen des Murmeltieröles bezahlt. Im Herbst wurden Murmeltiere sogar in Fallen gefangen oder ausgegraben.

Biber

Der Biber zählt zwar in den meisten Bundesländern nicht zum jagdbaren Wild, aber es gibt auch bei diesem Wildtier jagdliche Ausdrücke aus früheren Jahrhunderten.

– Bezeichnung für männliche und weibliche Tiere	***Biber***
– Junges	***Jungbiber***
– Bezeichnung in der Fabel	***Bockert***
– Fell	***Balg, (Fell)***
– Schwanz	***Kelle***
– paarige Drüsenbeutel beim Weidloch	***Geilsäcke, Castorenbeutel***
– Sekret aus dem Drüsenbeutel	***Bibergeil***
– Bau (in Uferböschungen oder sumpfigem Gelände)	***Burg***
– Schleifstellen am Ufer, über die Material in die Burg gebracht wird	***Bibergeschleif***
– Stelle, an der Nahrung verzehrt wird	***Bibersitz***

Historische Begriffe:

Biber wurden hauptsächlich wegen ihres wertvollen Pelzes und dem Bibergeil, dem man sagenhafte Heilwirkungen zuschrieb, verfolgt. Wie beim Fischotter wurde auch das Fleisch des Bibers als Fastenspeise gerne gegessen, die Kelle des Bibers hatte den Ruf einer besonderen Delikatesse.
Bis Mitte des 19. Jahrhunderts wurden Biber mit Hunden ***(Biber- und Otterhunde)*** aus der Burg oder unter Wasser getrieben, mit dreizinkigen Gabeln vom Ufer aus im Wasser gestochen ***(Biberstich)***, in Netzen mit sackartigem Mittelteil ***(Bibergarn, Bibernetz)*** oder in gut verblendeten Fallen am Ufer gefangen ***(Tellereisen)***.

Braunbär (Bärwild)

Bezeichnungen:

– männliches Tier	***Bär***
– weibliches Tier	***Bärin***
– Bär bis zum Erlangen der Geschlechtsreife (drei Jahre)	***Jungbär***
– Bär, von drei bis etwa sechs Jahre	***Mittelbär***
– Bär, über sechs Jahre	***Hauptbär***
– Bär, der Weidevieh schlägt	***Schadbär, Schlagbär, Schlachter***
– Bezeichnung in der Fabel	***Braun***

Körperteile:

– Kopf	***Kopf, Haupt***
– Augen	***Seher***
– Nase	***Nase, (Windfang)***
– Maul	***Fang***
– Zähne	***Gebiss***
– Eckzähne	***Reißzähne, (Fangzähne, Gewaff)***
– Ohren	***Gehöre***
– Beine	***Läufe, Pranken***
– Vorderläufe, auch:	***Arme***
– Füße	***Branten, Tatzen***
– Schwanz	***Bürzel***
– Fell	***Decke, Haut***
– Fett	***Feist, Weißes***

Lautäußerungen:

– übliche Lautäußerung	***brummen, brüllen***

Hauptbär
am Wechsel
Decke
Fang
Brante Pranken
H. Zeiler 97

– Zornäußerung	***grimmig sein***
– geräuschvolles, prüfendes Einziehen der Luft	***blasen***

Fortpflanzung:

– Fortpflanzungszeit	***Bärzeit***
– sich paaren	***bären***
– trächtig sein	***dickgehen***
– gebären	***bären, setzen, Junge bringen***

Aufenthalt und Bewegung im Revier:

– Liegestatt	***Lager, (Loch)***
– zum Lager hingehen	***aufsuchen***
– vom Lager weggehen	***verlassen***
– Lager, in dem Bär überwintert	***Winterlager***
– das Winterlager beziehen	***sich einschlagen***
– sich fortbewegen	***gehen***
– in den Wald gehen	***zu Holze gehen***
– vom Wald kommen	***vom Holze gehen***
– sich aufrecht stellen (um etwas zu tragen oder zum Kampf)	***sich erheben***
– auf alle Viere niederlassen	***sich erniedrigen***
– Beute (Feind) mit Vorderpranken verwunden (töten)	***schlagen, abschlagen, niederschlagen***
– Trittreihe	***Fährte***
– häufig benutzter Pfad	***Wechsel***

Jagd und Behandlung des erlegten Wildes:

– Grundschnitte zum Abziehen der Decke	***aufschärfen***
– die Decke abziehen	***abschärfen***

Historische Begriffe:

Der Bär gehörte früher zum Wild der ***Hohen Jagd*** und zum ***„gefährlichen Raubthier“***. Dennoch bezeichnete man bis zu Beginn des 19. Jahrhunderts die Trittreihe des Bären – anders als heute – als ***Spur***.

Die übliche Art der Bejagung des Bären war die ***Bärenhatz*** oder ***Streifhatz*** mit Hunden, den ***Bärenhunden***, ***Bullenbeißern*** und ***Wildbodenhunden***. Die Hunde mussten den Bären ***stellen*** und ***packen***, bis ihm der Jäger mit dem ***Jagdspieß*** oder dem ***Bäreneisen*** den ***Fang*** gab. Bei der Bärenjagd mussten zwei bewaffnete Jäger beisammen bleiben, um sich im Notfall gegenseitig mit mitgeführten ***Doppelbüchsen***, ***Bäreneisen*** und ***Hirschfängern*** zu helfen.

Als Belohnung für das Erlegen eines Bären stand den Jägern das ***Bärenjägerrecht*** zu. Je nach Herrschaft und Brauch war dieses zwar verschieden, in der Regel gehörten dazu aber Haut, Fett und Vorschlag. Dem Jagdherrn gebührte das Haupt (Kopf) und die rechte Pranke (***Hand***). Eine beliebte Trophäe beim Bären war der ***Penisknochen***.

Bären, insbesondere Schadbären, fing man auch noch in ***Fallgruben*** und benutzte zum Ankirren mit Honig bestrichene, alte (natürliche) Bienenstöcke. Man verwendete dazu aber auch Fallen, entweder schwere Fangeisen – ebenfalls ***Bäreneisen*** genannt – oder ***Knüppel***- bzw. ***Prügelfallen*** oder ***Fallnetze***.

Luchs

Bezeichnungen:

– männliches Tier	*Luchs, Kuder*
– weibliches Tier	*Luchsin, Katze, Kätzin*
– junger Luchs, beiderlei Geschlechts	*Katzluchs*
– ausgewachsener Luchs im Sommerkleid	*Hirschluchs*
– ausgewachsener Luchs im Winterkleid	*Kalbluchs*

Körperteile:

– Haarbüschel an den Ohren	*Pinsel*
– lange Eckzähne	*Reißzähne, (Fangzähne, Gewaff)*
– Beine	*Läufe*
– unterer Teil der Läufe	*Pranken*
– Fußsohle	*Ballen*
– Nägel	*Waffen, Krallen*
– Schwanz	*Rute, Stummelrute, (Lunte)*
– Fleischkern in der Lunte	*Rübe*
– Fell	*Decke, Balg*

Lautäußerungen:

– bei Wohlbehagen	*schnurren*
– in gereiztem Zustand	*fauchen, knurren, schreien*
– Schmerzlaut	*klagen*

Nahrung, Stoffwechsel:

– Beute (fast nie Aas)	*Raub*
– Beutetier werfen, fangen und töten	*reißen*

Kuder

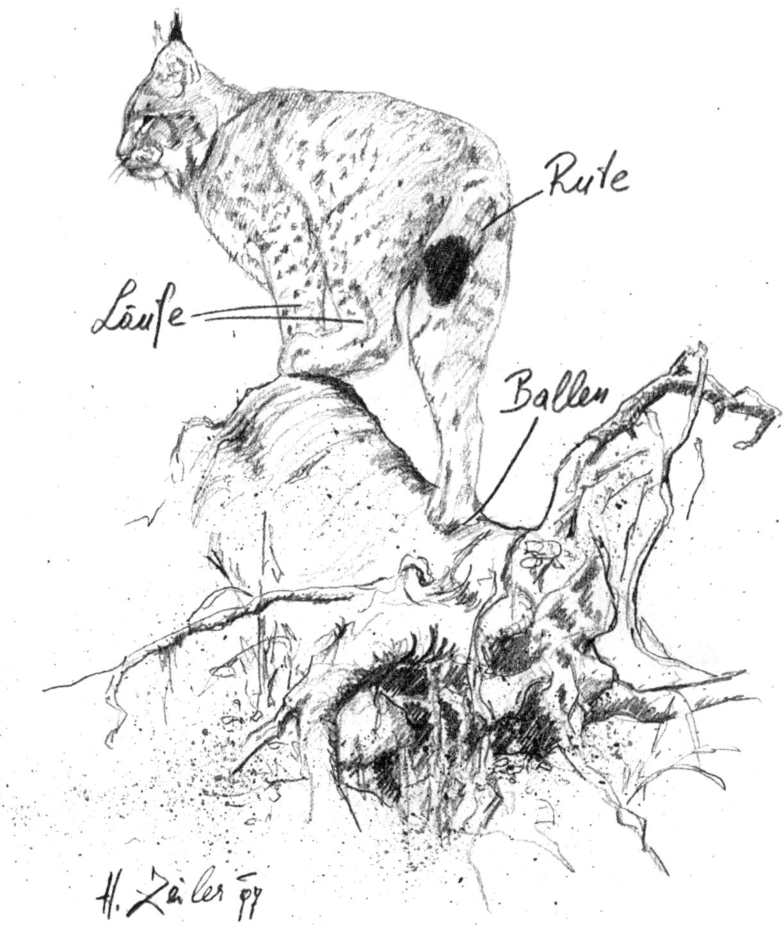

– Reste von Beute	***Riss***
– den Raub verzehren	***fressen***

Fortpflanzung:

– Fortpflanzungszeit	***Ranzzeit***
– sich paaren	***begehren, (ranzen)***
– Junge zur Welt bringen	***werfen***

Aufenthalt und Bewegung im Revier:

– Stelle, an der ein Luchs gelegen ist	***Lager***
– sich schnell entfernen	***abtraben***
– sich vorsichtig vorwärtsbewegen	***schleichen***
– nach der Beute springen	***Sprünge tun***
– Beute mit den Krallen festhalten	***einhauen***
– die Tritte hintereinander oder nebeneinander setzen	***schnüren, schränken***
– Trittreihe	***Fährte***
– klettern	***baumen***
– erklettern	***aufbaumen, aufholzen, aufsteigen***
– vom Baum herunterkommen	***abholzen***

Historische Begriffe:

Der Luchs zählte zum Wild der ***Hohen Jagd***. Luchsjagden waren meist schwierig, weil der Luchs meist nachtaktiv ist, keine Wechsel einhält, auch beim Treiben Deckungen nicht verlässt, kaum Luderplätze annimmt, in die Enge getrieben Hunde und Jäger angeht und sich meisterhaft durch Treiberketten zu drücken versteht.
Soweit ein Luchs bei frischem Spurschnee („***Neue***“) abgefährtet werden konnte und bestätigt war, folgte ein ***Kesseljagen*** bzw. das Treiben mit Hunden und mit lärmenden Treibern sowie beim Dunkelwerden auch noch mit Fackeln, hinein in die ***Fanggarne***.

Wolf

Bezeichnungen:

– männliches Tier	***Wolf, Rüde***
– weibliches Tier	***Wölfin***
– junger Wolf, beiderlei Geschlechts	***Welpe, Nestwolf***
– Gruppe von Wölfen	***Rudel, Rotte, Meute***
– Welpen eines Wurfs während der Aufzucht	***Geheck***
– Bezeichnung in der Fabel	***Isegrim***

Körperteile:

– Maul, Zähne	***Fang***
– Eckzähne	***Reißzähne***, (***Fangzähne, Gewaff***)
– Schwanz	***Rute, Lunte***
– Endspitze der Lunte	***Blume***
– Fell	***Decke, Balg***

Lautäußerungen:

– Laut zur gegenseitigen Suche (Ranzzeit, Kälte, Hunger)	***heulen***
– Laute in erregtem Zustand	***knurren***

Nahrung, Stoffwechsel:

– Nahrung	***Fraß***
– Beute machen	***reißen***
– die Beute zu Boden bringen	***werfen***

Fortpflanzung:

– Fortpflanzungszeit	***Ranz***
– Wolf und Wölfin hängen	***sich binden***
– Junge zur Welt bringen	***wölfen***

Aufenthalt und Bewegung im Revier:

– Liegestatt	***Lager***
– sich schnell entfernen	***abtraben***
– laufen	***flüchtig sein (gehen)***
– Tritte genau hintereinander im gleichen Abstand	***schnüren***
– Tritte schräg zueinander, bei langsamer Fortbewegung	***schränken***
– Trittreihe	***Spur, (Fährte)***
– regelmäßig eingehaltener Pfad	***Wechsel***

Jagd und Behandlung des erlegten Wildes:

– die Haut abziehen	***streifen***

Historische Begriffe:

Früher hat man Wölfe schonungslos und besonders im Winter bejagt, wenn sie bei Neuschnee in einem bestimmten Gebiet ausgemacht wurden. Das Gebiet wurde mit dem Jagdzeug umstellt ***(Wolfsnetze*** und ***Tuchlappen)***, die Wölfe sodann getrieben. Innerhalb des umstellten Gebietes versteckte man einzelne Männer hinter Sträuchern ***(Schreckmänner)***, die nach dem Passieren der Wölfe lärmten und die aufgeschreckten Tiere in die Netze jagten, wo sie in der Folge abgefangen oder totgeschlagen wurden.
Wölfe wurden auch in eigenen ***Wolfsgärten*** gefangen. Dies waren umzäunte (umplankte) Gebiete, wo man mit verendeten Haustieren Wölfe anlockte. Die Wölfe konnten nur über ***Einsprünge*** in den Garten gelangen. – Am Rande des mittelalterlichen Wien gab es zwei Wolfsgärten, die von der benachbarten Bevölkerung mit Aas versorgt werden mussten.
Wölfe wurden auch angekirrt und aus der ***Luderhütte*** am ***Luder*** geschossen oder in ***Wolfsgruben*** gefangen, wobei sie auf mit Reisig und Erde überdeckte Falltüren gelockt wurden und in die Grube fielen.
Auch der Fang in (heute verbotenen) Fallen wie ***Tellereisen*** oder ***Schwanenhals*** war üblich. Besonders grausam war der Fang mit ***Angeleisen*** oder ***Wolfsangeln***, die von einem Ast herabhingen, wobei der Köder nur springend erreicht werden konnte. Schnappte der Wolf nach dem Köder, schnellten eiserne Stäbe mit Widerhaken auseinander und hielten ihn, in der Luft schwebend, im Fang fest, bis er qualvoll verendete.
Wölfe wurden auch mit Strychnin oder mit der ***Brechnuss*** vergiftet. Die Brechnuss, der Same eines ostindischen Strauches, wirkt schon in kleinsten Dosen tödlich.

Fuchs (Rotfuchs)

Bezeichnungen:

– männliches Tier	***Rüde, Fuchs***
– weibliches Tier	***Fähe, Füchsin, (Betze)***
– junger Fuchs, beiderlei Geschlechts	***Welpe, Jungfuchs, Junge***
– alle Jungen eines Geburtsaktes	***Geheck***
– hell gefärbt, mit weißer Kehle und Blume	***Birkfuchs, Goldfuchs***
– dunkel gefärbt, auch dunkle Kehle und Blume	***Brandfuchs, Kohlfuchs***
– dunkler Fuchs, mit fast schwarzem Strich entlang des Rückens und quer über die Schultern	***Kreuzfuchs***
– Bezeichnung des Rüden in der Fabel	***Reineke***
– Bezeichnung der Fähe in der Fabel	***Ermeline***
– Bezeichnung des Baues in der Fabel	***Malepartus***

Körperteile:

– Maul	***Fang***
– Lippen	***Lefzen***
– Zähne	***Gebiss***
– Eckzähne	***Fänge, Reißzähne, Fangzähne, (Haken)***
– Zunge	***Zunge***
– Nase	***Nase***
– Ohren	***Gehöre, (Lauscher)***
– Hals	***Hals***
– Beine	***Läufe***
– unterer Teil des Laufes	***Branten***
– Krallen	***Klauen***

– männliches Geschlechtsteil	***Feuchtglied, Rute***
– Hoden	***Geschröte, (Geilen)***
– weibliches Geschlechtsteil	***Schnalle, Nuss, Feige***
– Gebärmutter	***Tracht***
– Milchdrüsen (Euter)	***Gesäuge***
– Gedärme	***Gescheide***
– After	***Weidloch***
– Schwanz	***Lunte, Standarte***
– weiße Luntenquaste	***Blume***
– Drüse an der Schwanzwurzel	***Viole, Nelke***
– Fleischkern in der Lunte	***Rübe***
– Fell	***Balg***
– lange Deckhaare	***Grannen***
– dichtes Grundhaar	***Wolle***
– dünn behaarte Stellen an den Schultern während Haarwechsel nach der Ranz – *hat aber mit der Ranz nichts zu tun!*	***Ranzbrille***
– Borstenhaare (Schnurrhaare) an den Lefzen	***Bart***
– Fett	***Fett***

Lautäußerungen:

– gewöhnlicher Laut, ähnlich Hund	***kauzen, bellen***
– Laut bei Erregung	***keckern***
– Schmerzlaut	***klagen***

Nahrung, Stoffwechsel:

– Nahrung	***Fraß, Raub***
– Nahrung aufnehmen	***fressen***
– Beute machen, überwältigen und töten	***rauben, reißen***
– Beute und Beutereste	***Riss***
– Mäuse fangen	***mausen***
– Wild anfressen	***anschneiden***
– Exkremente	***Losung***

er hat das Mäuseln vernommen

– Exkremente absetzen	***sich lösen***
– harnen	***nässen***

Fortpflanzung:

– Paarungszeit	***Ranzzeit, Rollzeit***
– sich paaren	***ranzen, rollen***
– Hitzigsein der Füchsin	***rennen***
– Hängen nach Begattung	***binden, hängen***
– die Ranz beenden	***abrollen***
– Trächtigsein der Füchsin	***dickgehen***
– gebären	***wölfen, werfen, Junge bringen***

Aufenthalt und Bewegung im Revier:

– Fußabdruck	***Tritt***
– Trittreihe	***Spur***
– Tritte sind in einer geraden Linie	***schnüren***
– vorsichtiges Gehen	***schleichen***
– heimliches Fortschleichen	***sich abstehlen***
– schnellere Gangart	***traben***
– äußerst schneller Lauf	***flüchten, flüchtig sein***
– Klauen drücken sich in der Spur ab	***nageln***
– regelmäßig benutzter Pfad	***Pass***
– zwangsläufig benutzter Weg	***Zwangspass***
– unterirdische Wohnhöhle	***Bau (Hauptbau, Mutterbau, Notbau)***
– Ein- und Ausgänge des Baues (Gänge im Bau)	***Röhren, G(e)schleif***
– Wohnraum im Bau	***Kessel, Kammer***
– Mündung einer Röhre an der Erdoberfläche	***Ausgang***
– sich in den Bau begeben	***einfahren***
– den Bau verlassen	***ausfahren***
– sich im Bau befinden	***im Bau stecken, im Bau liegen***
– wenn ein Bau benutzt wird	***befahren sein***

– Verzicht auf Beutemachen rund um den Bau	***Burgfrieden***
– sich im Wasser fortbewegen	***schwimmen***

Jagd und Behandlung des erlegten Wildes:

– Ausmachen des Fuchses anhand der Spur	***abspüren***
– nach Fehlschuss mit der Lunte rudern	***winken***
– Fuchs mit Fanggeräten erbeuten	***fangen***
– Fuchs mit Hasenquäke oder Mauspfeiferl anlocken	***reizen***
– Mauspfiff nachahmen	***mäuseln***
– Lockfraß für den Fuchs	***Kirrbrocken***
– mit Kirrbrocken anlocken	***ankirren***
– Fleischabfälle zum Anlocken des Fuchses	***Luder***
– Ort, an dem der Fuchs angekirrt wird	***Luderplatz***
– in den Boden eingelassene Röhre mit Luder	***Luderschacht***
– Fuchs mit Hunden aus dem Bau jagen	***sprengen***
– Fuchs verläßt den Bau	***ausfahren, springen***
– Fuchs fährt über den Hund aus dem Bau	***überrollen***
– Fuchs verletzt oder wehrt den Bauhund ab	***schlagen***
– Fuchs verstopft die Röhren zum Bau	***verreisern***
– Fuchs häuft Erde und Steine zwischen sich und Hund	***sich verklüften***
– den Fuchs im Bau ausgraben	***graben, Einschlag machen***
– den Fuchs durch Feuer in der Röhre sprengen	***ausräuchern***
– Fell abziehen	***abbalgen, streifen***
– abgebalgter Fuchskörper	***Kern***

Historische Begriffe:

Der Fuchs zählte zwar immer zum Wild der ***Niederen Jagd***, ihm wurde aber auch von höchsten Jagdherrn nachgestellt. Füchse wurden oft auf grausamste Weise erbeutet bzw. zu Tode gequält.

Bei der Baujagd wurde der verklüftete Fuchs mit einem Werkzeug in Form von einem doppelten Korkenzieher, dem ***Fuchskrätzer***, lebend angebohrt und herausgezogen.
Lebend gefangen wurde der Fuchs bei der Baujagd durch Ausgraben oder durch das Sprengen mit Hunden in Netze (Garne), die man über die Ausgänge der Baue gelegt und mit schweren Kugeln befestigt hatte ***(Fuchshauben)***. Die gefangenen Füchse dienten meist der grausamen Unterhaltung am Hof, die darin bestand, Füchse auf langen und schmalen Tüchern so lange in die Höhe zu werfen (prellen) und sie wieder aufzufangen, bis sie verendeten ***(Fuchsprellen)***.
Bei der Fallenjagd wurden die damals üblichen Fanggeräte (Teller- oder Tritteisen) verwendet, wobei das Überdecken der menschlichen Wittrung auf Fanggerät und gesamtem Kirrplatz durch Verstreichen mit dem Gescheide von Hasen erfolgte.
Außerdem wurden – wie beim Wolf – auch auf ***Angeleisen*** oder ***Fuchsangeln*** Köder aufgehängt, die nur springend zu erreichen waren. Schnappte der Fuchs im Sprung danach, so hing er an den eisernen Widerhaken, die sich im Fang festkrallten.
Bei der Hetze der Füchse mit Windhunden und Bracken oder bei Reitjagden war jener Jäger gefragt, der den gestellten Fuchs an der Lunte fassen und gegen einen Stein oder Baum schleudern konnte.

Dachs

Bezeichnungen:

– männliches Tier	***Dachs, Dachsbär***
– weibliches Tier	***Dächsin***
– Junges beiderlei Geschlechts	***Jungdachs***
– Dächsin mit Geheck im Bau	***Milchdachs***
– Bezeichnung in der Fabel	***Grimbart***

Körperteile:

– Streifen im Gesicht	***Zügel***
– Pfoten	***Branten***
– Krallen	***Nägel***
– Schwanz	***Bürzel***
– Drüse unterhalb des Bürzels	***Schmalzröhre, Stinkloch, Saugloch***
– Fett	***Schmalz, Weißes***
– Haare	***Borsten***
– Fell	***Schwarte***

Lautäußerungen:

– gewöhnliche Laute	***schnaufen, schmatzen***
– Zornlaut	***murren***
– Laute in der Ranzzeit	***schreien***
– Schmerzlaut	***klagen***

Nahrung, Stoffwechsel:

– Nahrung verzehren	***fressen, weiden, auf die Weide gehen***
– mit den Vorderbranten im Boden Nahrung suchen	***stechen***
– auf Nahrungssuche im Laub und Oberboden wühlen	***wurzeln***

Aufenthalt und Bewegung im Revier:

– Fortpflanzungszeit	***Ranzzeit, Rollzeit***
– unterirdische Wohnstätte	***Bau***
– gegrabenes Loch oder Mulde für Losung	***Dachsabtritt, Dachsabort***
– Zugang zum Bau	***Einfahrt, Geschleif***
– im Bau verschwinden	***einfahren***
– im Bau sitzen	***bewohnen***
– den Bau verlassen	***ausfahren, springen***
– Geräusche im Bau, vor der Ausfahrt	***poltern***
– sich die Schwarte ausschütteln nach dem Ausfahren	***schollern***
– Duftmarken setzen durch Drücken des Hinterteils auf den Boden und Drehen um die eigene Achse	***stempeln***

Jagd und Behandlung des erlegten Wildes:

– sich im Bau vor dem Hund verschanzen	***verklüften, verlieren***
– Hund hat den Dachs im Bau gestellt und verbellt	***vorliegen***
– Dachs verbeißt sich in den vorliegenden Hund	***verfangen***
– Dachs fährt über vorliegenden Hund aus dem Bau	***überrollen***
– abgeschwarteter Körper des Dachses	***Kern***

Historische Begriffe:

Dachse wurden hauptsächlich im Spätherbst mit dem Gewehr am Bau bejagt ***(Dachsansitz)***. Erfolgversprechender war aber das ***Dachsgraben***, obwohl der Dachs ungern springt. Wenn der Hund vorlag, machte man im Boden den ***Einschlag*** und holte den Dachs mit der ***Dachszange*** heraus.
Gefährlich war die Jagd für die Bauhunde im Felsenbau, weil ein Bodeneinschlag nicht möglich war und dem Hund nicht geholfen werden konnte. Dort bediente man sich der ***Dachshaube***, einem sackartigen Netz (Garn), das in die Röhre gehängt und befestigt wurde. Der ein- oder ausfahrende Dachs verhedderte sich im Garn und wurde mit der ***Dachsgabel*** erstochen.

Grimbart ist ausgefahren!

Steinmarder, Edelmarder, Iltis, Wiesel

Bezeichnungen:

– Steinmarder	***Hausmarder, Dachmarder, Weißkehlchen***
– Edelmarder	***Baummarder, Gelbkehlchen, Goldkehlchen***
– Iltis	***Stinkmarder, Stänker, Ratz***
– Großes Wiesel	***Hermelin***
– Kleines Wiesel	***Mauswiesel***

für alle:

– männliches Tier	***Rüde***
– weibliches Tier	***Fähe***

weitere Ausdrücke:

– Schwanz	***Rute, (Fahne)***
– helle Zeichnungen des Iltiskopfes	***Iltismaske***
– Lautäußerung bei Erregung	***keckern, murren***
– Umbringen der Beute	***würgen***
– Paarungszeit	***Ranzzeit***
– sich paaren	***ranzen***
– gebären	***Junge bringen, werfen***

"Weißkehlchen"

– Behausung im Revier	***Unterschlupf, Schlupfwinkel***
– vom Baummarder besetztes Eichhörnchennest	***Kobel***
– Spur eines Marders, auch:	***Gang***
– einen Baum erklettern	***aufbaumen, aufholzen***
– Stelle, an der ein Marder aufbaumt	***Aufstieg***
– sich von Baum zu Baum fortbewegen	***fortbaumen, fortholzen***
– vom Baum herunterklettern oder -springen	***abbaumen***
– Stelle, an der ein Marder vom Baum springt	***Absprung***
– Marder durch Lärmen aus Unterschlupf vertreiben	***auspochen***
– Marderspur im Neuschnee verfolgen	***ausneuen***

Historische Begriffe:

Beliebt war früher u. a. das ***Ausräuchern*** des Baummarders aus hohlen Bäumen.

Fischotter (Otter, Wassermarder, Fischmarder)

– männliches Tier	***Otterrüde***
– weibliches Tier	***Otterin, Otterfähe***
– Junges	***Jungotter***
– Beine	***Läufe, Schwimmer***
– Fell	***Balg***
– Schwanz	***Rute***
– männliches Geschlechtsteil	***Feuchtglied***
– weibliches Geschlechtsteil	***Nuss***
– Lockruf des fischenden bzw. ranzenden Otters	***pfeifen***
– Lautäußerung bei Unmut	***murren***
– Lautäußerungen bei Zorn	***fauchen, kreischen***
– Ruf des Jungotters	***fiepen***
– sich paaren	***ranzen***
– gebären	***bringen, werfen***
– unterirdischer Unterschlupf	***Bau, (Burg)***
– sich im Bau aufhalten	***im Bau liegen***
– sich ins Wasser begeben	***einsteigen, ins Wasser fallen***
– aus dem Wasser steigen	***aussteigen***
– Stelle, an der der Otter häufig ein- und aussteigt	***Einstieg, Ausstieg***
– sich außerhalb des Wassers fortbewegen	***über Land gehen***
– sich im Wasser fortbewegen	***schwimmen***
– Beute fangen	***fischen***

Historische Begriffe:

Als gefürchteter Fischräuber und wegen des wertvollen Balges, aber auch wegen des köstlichen Fleisches (Fastenspeise!) wurde der Fischotter intensiv verfolgt. Beliebt war vor allem die ***Otterhetze*** unter Wasser mit ***Otterhunden***. Zwar waren die Hunde unter Wasser dem Fischotter unterlegen, wurden aber bei Ermüdung ausgewechselt. War der Otter gestellt, wurde er mit der dreizinkigen ***Ottergabel*** aufgespießt. Wasserläufe, in denen man Otter vermutete, wurden auch mit dem ***Ottergarn***, einem sackförmigen Netz, gesperrt, wo sich der Otter fing und dann totgeschlagen wurde.

Auerwild

Bezeichnungen:

– männliches Tier	***Auerhahn, Großer Hahn, Urhahn***
Mehrzahl:	***Auerhahnen***
– weibliches Tier	***Auerhenne***
– Junge beiderlei Geschlechts	***Junge, Küken***
– Gesamtheit der Jungen mit der Henne	***Gesperre***
– junger Auerhahn	***Schneider***
– stärkster Hahn	***Platzhahn***

Körperteile:

– Kopf	***Kopf***
– Schnabel	***Brocker, (Schnabel)***
– Zunge	***Zunge***
– Auge	***Auge***
– roter Hautwulst über dem Auge, zur Balz auffällig	***Rose, Flammen***
– Ohr	***Ohr***
– Hals	***Stingel, Kragen***
– Kehlfedern, während der Balz gesträubt	***Kehlbart, Balzkragen***
– blaugrüner Brustfleck des Hahnes und brauner Fleck der Henne	***Schild***
– Flügel	***Schwingen***
– weißer Fleck in der Schwingenbeuge	***Spiegel***
– Füße	***Füße***
– Zehen	***Zehen***

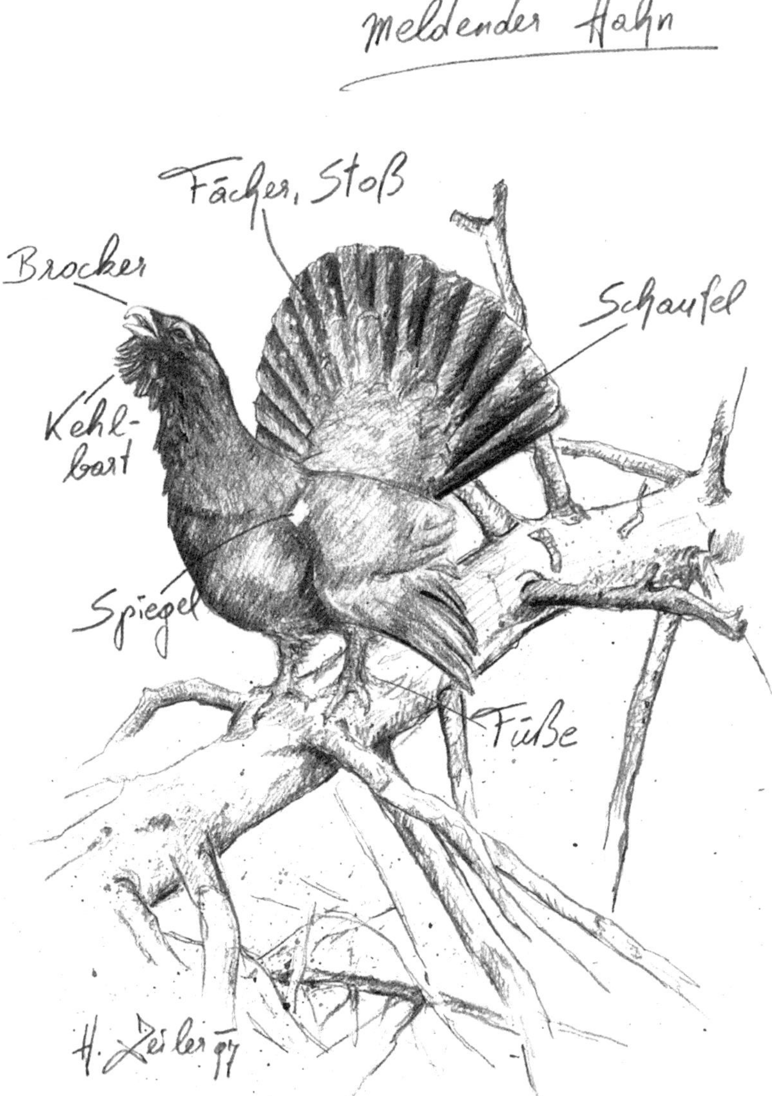

Meldender Hahn
Fächer, Stoß
Brocker
Schaufel
Kehl-
bart
Spiegel
Füße
H. Zeiler 97

– kleine, verhornte Plättchen seitlich der Zehen, die bei der Frühjahrsmauser ausfallen und erst im Sommer nachwachsen	***Balzstifte, Balzfedern, Balzgräten***
– Krallen an den Zehen	***Nägel***
– lange Schwanzfedern	***Fächer, Oberstoß, Großer Stoß***
– Oberstoßfedern	***Schaufeln***
– kürzere Federn an der Unterseite des Fächers	***Unterstoß, Kleiner Stoß, Nesterl***
– zarte grauweiße Federn an Unterschenkel und Bauch	***Wurlfedern***
– Federwechsel	***Mauser, Rauhe***
– Fleisch des Auerwildes	***Wildbret***
– Magen	***Magen***
– Steine im Magen	***Weidkörner***
– Gedärme	***Gescheide***

Sinneseindrücke:

– sehen	***äugen***
– etwas erblicken	***eräugen***
– misstrauisch umherschauen	***sichern***

Lautäußerungen:

– Warn- oder Schrecklaut	***kröchen***
– Laut des Hahnes nach Niederlassen auf Schlafbaum	***worgen***
– allgemeine Bezeichnung für Balzlaute	***melden***
– Balzgesang	***Balzarie, Gsetzl, Strophe***
– Teil der Strophe	***Vers***
eine Einzelstrophe besteht aus:	***1. Knappen, Glöcke***
	2. Triller
	3. Hauptschlag, Überschlag
	4. Wetzen, Schleifen

– im Balzgesang schneller werden	***sich einspielen***
– unausgesetzt balzen	***hitzig balzen***
– einzelweise in den Pausen knappen	***zählen***
– nur mit Unterbrechungen balzen	***schlecht melden***
– den Balzgesang beenden	***verschweigen, verstummen***
– Verstummen des Hahnes bei Tagesanbruch	***Morgengebet***
– Laut der Henne	***gocken, glocken***
– Locken der Jungen durch die Henne	***glucken***
– Laut des jungen Auerwildes	***piepen***

Nahrung, Stoffwechsel:

– Nahrung	***Äsung, Klaub***
– Nahrung aufnehmen	***äsen, klauben, verbeißen***
– trinken	***sich tränken***
– Abäsen der Nadeln von Nadelbäumen	***nadeln***
– Abäsen der Blätter von Laubhölzern	***prossen***
– Äsen an Beerensträuchern	***brocken***
– Exkremente des Auerhahnes	***Losung***
– Exkremente der Henne	***Gestüber***
– Exkremente absetzen	***sich lösen, Losung fallen lassen***
– Exkremente vom Baum fallen lassen	***bröseln***
– fladenförmig-schmierige Blinddarmlosung	***Falzpech, Balzpech, Balzlosung***

Fortpflanzung:

– Paarungszeit	***Balz, Balzzeit***
– Baum, auf dem der Hahn balzt	***Balzbaum***
– Zeit, in der die Hahnen am intensivsten balzen	***Hauptbalz, Hochbalz***
– Balz des Hahnes am Boden nach Tagesanbruch	***Bodenbalz, Sonnenbalz***

– den Oberstoß fächerförmig ausbreiten	***fächern***
– Sprünge des Hahnes am Boden während der Balz	***Balzsprünge***
– die Henne begatten	***treten***
– Eier	***Gelege***
– Schlüpfen der Küken	***ausfallen***

Aufenthalt und Bewegung im Revier:

– fliegen	***streichen, reiten***
– Am-Boden-Laufen des Auerwildes	***laufen***
– vom Baum zum Boden begeben	***zu Boden treten***
– vom Boden auf einen Baum fliegen	***zu Baum treten***
– sich auf dem Boden oder auf einem Ast niederlassen	***einfallen, anfallen***
– vom Boden auffliegen	***aufstehen, sich aufnehmen***
– einen Baum anfliegen	***anstreichen, anreiten***
– sich auf einem Baum niederlassen	***sich einschwingen***
– auf einem Ast sitzen	***stehen, fußen***
– von Ast zu anderem Ast oder Baum fliegen	***sich überstellen***
– vom Baum wegfliegen	***abstreichen, abreiten, abstieben, abdonnern***
– das Revier verlassen	***verstreichen***
– Baum, der dem Hahn als Schlafstätte dient	***Schlafbaum***
– Abdruck des Fußes	***Tritt***
– Trittreihe des Hahnes	***Fährte***
– Trittreihe der Henne	***Geläuf***
– im Sand baden, aber auch, wenn Henne die Jungen mit den Schwingen zum Schutz oder Wärmen deckt	***hudern***
– Platz, an dem Staub- oder Sandbad genommen wird	***Pfanne, Huderplatz***
– wenn der Hahn bei der Bodenbalz im Schnee mit den Schwingen Abdrücke hinterlässt	***den Schlitten ziehen***
– wenn der Hahn mit anderem Hahn rauft	***kämpfen***

Jagd und Behandlung des erlegten Wildes:

– feststellen, wo der Hahn balzt	***verhören, verlosen, bestätigen***
– sich dem balzenden Hahn beim Schleifen nähern	***anspringen***
– den balzenden Hahn verscheuchen	***vertreten, vergrämen***
– den balzenden Hahn aufjagen	***abtreten***
– den angeschossenen Hahn nicht finden	***verschießen***
– dem Hahn die Gedärme entfernen	***aufbrechen***
– das Gefieder samt Haut abziehen	***abbalgen***

Historische Begriffe:

Die Bejagung des Auerhahnes erfolgt heute – dort, wo sie noch erlaubt ist – gleich wie in vergangenen Jahrhunderten, nämlich durch das Anspringen während der Balz.
Eine einst gepflogene, heute merkwürdig anmutende Art der Bejagung des Auerhahnes war die Jagd mit dem ***Auerhahnbeller***, einem frei suchenden Hund, der den Hahn, soweit er ihn finden konnte, zu verbellen begann. Der Hahn sicherte im Regelfall zum Hund hin, ohne abzureiten, und konnte vom heranbirschenden Jäger auch tagsüber erlegt werden.

Birkwild

Sinngemäß gelten die jagdlichen Ausdrücke, die beim Auerwild verwendet werden, auch für das Birkwild, sofern in der Folge nicht anders angegeben.

Bezeichnungen:

– männliches Tier	***Birkhahn, Kleiner Hahn, Spielhahn, Schildhahn***
– weibliches Tier	***Birkhenne***
– Beisammensein mehrerer Hahnen und Hennen	***Flug***

Körperteile:

– Schnabel	***Schnabel***
– Beine	***Ständer***
– Schwanzfedern	***Stoß, Spiel, Leier, Schere, Schar***
– gekrümmte äußere Schwanzdeckfedern	***Sicheln, Krumme***
– untere Schwanzdeckfedern	***Kleiner Stoß***

Lautäußerungen:

– zischende Laute des balzenden Hahnes	***blasen, rauschen, fauchen, zuschen***
– gurrende Laute des balzenden Hahnes	***kullern, rodeln kollern, grugeln***
– Unterbrechen des Balzgesanges bei Sonnenaufgang	***Morgengebet***
– Balz nach Sonnenaufgang	***Sonnenbalz***

Nahrung, Stoffwechsel:

– Nahrung	***Äsung***
– Nahrung aufnehmen	***äsen***
– Exkremente	***Losung, (Gestüber)***

bei der Bodenbalz

Aufenthalt und Bewegung im Revier:

– Trittreihe	***Geläuf***
– Hahn umkreist Henne mit schleifenden Schwingen	***Rad schlagen***

Jagd und Behandlung des erlegten Wildes:

– Locken des balzenden Hahnes durch Nachahmen	***reizen, spotten***
– Birkhahn nähert sich dem reizenden Jäger	***zustehen***
– Hahn, der dem Lockruf nicht mehr folgt	***verreizter Hahn***
– die Gedärme herausnehmen	***ausnehmen***

Rackelwild

Rackelhahnen sind selten vorkommende Kreuzungen zwischen Auer- und Birkwild. Sofern überhaupt von jagdlicher Bedeutung, gelten im Allgemeinen – wie auch beim Alpenschneehuhn – sinngemäß die beim Auerwild verwendeten Ausdrücke.

– Lautäußerung des zornigen Hahnes, auch Balzlied	***rackeln***

Alpenschneehuhn

– männliches Tier	***Schneehahn***
– weibliches Tier	***Schneehenne***
– Lautäußerungen	***knarren, ratschen***

Haselwild

Sinngemäß gelten die jagdlichen Ausdrücke, die beim Auerwild verwendet werden, auch für das Haselwild, sofern in der Folge nicht anders angegeben.

– Verband von Jungvögeln	***Kette***
– Schnabel	***Schnabel***
– Hals	***Hals, (Kragen)***
– schwarzer Kehlfleck des Hahnes	***Kehlfleck***
– Federschopf am Kopf des Hahnes	***Holle***
– Beine	***Ständer***
– Schwanz	***Stoß***
– Balzruf des Hahnes	***spissen***
– Lockruf der Henne	***bisten***
– andere Laute	***blittern***
– Nahrung aufnehmen	***äsen***
– Trittreihe	***Geläuf***
– sich erheben	***aufstehen, aufstieben***
– Geräusch beim Aufstehen der Hühner	***Gebloder***
– geräuschvoll fliegen	***burren***
– Anlocken durch Nachahmung von Lauten	***anreizen***
– Gerät zum Nachahmen des Spissens des Hahnes	***Pfeiferl***
– Gerät zum Nachahmen des Bistens der Henne	***Wusperl, Schelle***

Rebhuhn (Feldhühner, Hühner, Hendln)

Bezeichnungen:

– männliches Tier	***Rebhahn, Feldhahn***
– weibliches Tier	***Rebhenne***
– Rebhahn und Rebhenne im Frühjahr	***Paarhühner***
– junge Rebhühner nach dem Schlüpfen	***Küken***
– alle Küken einer Henne	***Gesperre***
– größere Junge	***Junghühner***
– schon flugfähige Junghühner	***beflogen***
– nicht ausgewachsenes Rebhuhn (gabelförmiger Stoß)	***Gabelhuhn***
– ausgewachsenes Rebhuhn	***vollschwänzig***
– Familienverband	***Kette, Kitt***
– wenn sich mehrere Ketten vereinigen	***s. zusammenschlagen***
– mehrere Ketten zusammen	***Volk, Schar***
– Auflösen der Völker und Ketten zur Paarzeit	***zu Paaren fallen***
– Rest eines stark beschossenen Hühnervolkes	***Stumpfkette***

Körperteile:

– Flügel	***Schwingen***
– brauner Brustfleck	***Schild***
– wenn junge Feldhühner das Federkleid wechseln	***schildern***
– fertig vermausert	***ausgefiedert, ausgemausert***
– Schwanz	***Stoß***

Lautäußerungen:

– Laut des Rebhahnes und Ruf der Henne nach Jungen	***locken, rufen***

Paarhühner

Nahrung, Stoffwechsel:

– Nahrung	***Äsung***
– Nahrung aufnehmen	***äsen, weiden***
– Exkremente	***Losung, Gestüber***

Fortpflanzung:

– Fortpflanzungszeit	***Paarzeit***
– Eier einer Brut	***Gelege***
– Zweitgelege, bei Verlust des Erstgeleges	***Stumpfgelege***
– aus den Eiern schlüpfen	***ausfallen***

Aufenthalt und Bewegung im Revier:

– Fußabdruck	***Tritt***
– Trittreihe	***Geläuf***
– laufen	***laufen***
– fliegen, meist aber „tief fliegen"	***streichen, (ziehen)***
– hoch fliegen	***stieben***
– wegfliegen	***aufstehen, aufstieben***
– Hühner, die alt werden, weil sie sehr bald wegstreichen, wenn sie Hunde und Jäger wahrnehmen	***goldene Federn haben***
– sich nach dem Flug niederlassen	***einfallen***
– fest auf dem Boden sitzen	***festliegen***
– das Revier verlassen	***verstreichen***
– ausgekratzte Liegestatt eines Volkes im Boden	***Lager***
– im Sand baden	***hudern, stäuben***
– ausgescharrtes Lager im Schnee, auch Ort gemeinsamen Huderns	***Kessel***
– ruckartiges Zucken des Stoßes nach oben und unten	***schnippen***

Jagd und Behandlung des erlegten Wildes:

– Anwesenheit durch ihre Lautäußerungen feststellen	***verhören***
– mit dem Vorstehhund die Felder absuchen	***Hühnersuche***
– wenn sich Rebhühner in einer Deckung halten	***liegen***
– den Hund oder Jäger nahe herankommen lassen	***gut halten, sich drücken***
– Hühner fliegen schon bald auf	***schlecht halten***
– Hühner einer Kette fliegen in verschiedene Richtungen	***Kette sprengen***

Historische Begriffe:

Für Rebhühner, die zum Verzehr verkauft wurden, bezahlte man bis ins 20. Jahrhundert hinein einen bedeutend höheren Preis, wenn sie gefangen und nicht geschossen waren. Daher verwendete man zum lebenden Erbeuten der Hühner Netze. Dies waren meist im Zick-Zack senkrecht aufgestellte, weitmaschig und engmaschig geknüpfte Netze mit sackartigen Einlagen, die sogenannten ***Steckgarne***, in die sich die getriebenen, mit Locklauten – dem ***Hühnerruf*** – gerufenen oder von selbst einlaufenden Hühner verfingen.
Zu Zeiten, in denen Hühner gut halten, zogen zwei Jäger ein etwa 10 × 20 m großes Netz, den ***Hühnergarn*** oder ***Tyrass***, über die Vögel, die sich drückten und vor welchen der Hühnerhund stand.
Auch verwendete man das ***Hühnertreibzeug***. Das waren trichterförmig zulaufende und senkrecht aufgestellte Netzwände ***(Geleiter)***, die ein Ausweichen der weidenden Hühner verhinderten und an deren Ende ein ringsum geschlossenes, röhrenartiges Netz aufgestellt war ***(Hamen)***, aus dem es kein Entkommen gab.

Wachtel

Sinngemäß gelten die beim Rebhuhn verwendeten Ausdrücke auch für die anderen Feldhühner, sofern nicht anders angeführt.

– männliches Tier	***Wachtelhahn***
– weibliches Tier	***Wachtelhenne***
– Lautäußerung	***schlagen***

Fasan (Jagdfasan)

Bezeichnungen:

– männliches Tier	***Fasanhahn, Hahn***
– weibliches Tier	***Fasanhenne, Henne***
– Eier einer Brut	***Gelege***
– alle Junge einer Brut	***Gesperre***

Körperteile:

– Kopf	***Kopf***
– Federohrbüschel am Kopf	***Hörner***
– Auge	***Auge***
– roter Hautwulst um die Augen der Hahnen	***Rose***
– Schnabel	***Schnabel***
– Flügel	***Schwingen, Schilder***
– Füße	***Ständer***
– Dorn an der Hinterseite des Ständers	***Sporn, (Krönchen)***
– Schwanz	***Spiel***
– Feder des Spiels	***Deichsel***
– Gedärme	***Gescheide***

Lautäußerungen:

– gewöhnlicher Laut	***Ruf***
– Laut bei Beunruhigung oder Zorn	***schrecken, schimpfen***
– Revierruf, besonders beim Aufbaumen	***gocken***

Nahrung, Stoffwechsel:

– Nahrung	***Äsung, Weide***
– Nahrung aufnehmen	***äsen, weiden***
– Exkremente	***Losung***

Infanterist

Fortpflanzung:

– Paarungszeit	***Balz, Balzzeit***
– die Henne begatten	***treten***

Aufenthalt und Bewegung im Revier:

– Fußabdruck	***Tritt***
– Trittreihe	***Geläuf***
– beim Annähern von Mensch und Hund reglos verharren	***sich drücken***
– wegfliegen	***aufstehen***
– den Schlafbaum aufsuchen	***aufbaumen***
– das Revier verlassen	***verstreichen***
– wenn Jungfasane flugfähig werden	***flugbar***
– wenn Mauser beendet	***ausgefiedert, ausgemausert***

Jagd:

– zu Fuß laufender Fasan	***Infanterist***
– spitz von vorn auf den Schützen zustreichender Fasan	***Kopffasan***
– elendshoch anstreichender Fasan	***Turmfasan***
– viele zusammen aufstehende Fasane	***Bukett***

Trappe

Sinngemäß gelten für Trappen die beim Auerwild verwendeten Ausdrücke, sofern nicht anders angegeben.

– männliches Tier	***Trapphahn***
– weibliches Tier	***Trapphenne***
– vergesellschaftete Tiere	***Flug***
– besonders starker Hahn	***kapitaler Hahn***
– borstige, weiße Federn an den Kehlseiten des Hahnes	***Bart***
– Laut der führenden Henne	***locken***
– Laut der allein gelassenen Küken	***piepen***
– Paarungszeit	***Balz***
– Aufenthaltsort im Revier	***Stand***
– sich im Revier befinden	***stehen***

Historische Begriffe:

Weil alten Trappen wegen ihrer außerordentlichen Scheu sehr schwer beizukommen war, deckte man sich hinter Strohtristen oder fuhr auf einem beladenen Ochsenkarren – gegen den Wind – auf Schussdistanz heran. Auch wurde dem Schützen empfohlen, sich als Bauernweib zu verkleiden oder die Schussabgabe stehend und gedeckt von ***Schusspferden*** aus vorzunehmen, die nicht schussscheu sein durften.

Waldschnepfe

– männliches Tier	***Hahn***
– weibliches Tier	***Henne***
– Junge	***Junge***
– Schnepfen, nur vorübergehend im Revier	***Zugschnepfen***
– Schnepfen, die im Revier überwintern	***Lagerschnepfen***
– Schnabel	***Stecher***
– Beine	***Ständer***
– Laute von sich geben	***melden***
– allgemeine Lautäußerung	***puitzen***
– Balz- und Locklaute des Hahnes	***quorren, murksen***
– Nahrung suchen	***stechen, wurmen***
– Exkremente	***Losung***
– Fortpflanzungszeit	***Balz***
– Hahn begattet Henne	***treten***
– fliegen	***streichen***

Schnepfen zählen zu den Watvögeln. Neben der Waldschnepfe – die auch als ***Langschnabel*** oder ***Vogel mit dem langen Gesicht*** bezeichnet wird – waren einst zusätzlich andere Arten jagdlich beliebt, die heute nicht mehr bejagt werden, aber immer noch in der Jägersprache eigene Namen haben. Dazu gehört die zu den Sumpfschnepfen zählende Bekassine, auch ***Himmelsziege*** genannt nach ihrem eigenartigen Balzflug: dieser ist durch kurze Sturzflüge gekennzeichnet, während welcher die Federn im Stoß gespreizt werden, wobei ein weithin hörbares „meckerndes" Geräusch – wie von einer Ziege – erzeugt wird. Daher also der sprechende jagdliche Name.
Ebenfalls bejagt wurde die Doppel- oder Wasserschnepfe.

"Vogel mit dem langen Gesicht"

Enten

Bezeichnungen:

– männliches Tier	***Erpel, Entvogel, Antvogel, Entrich***
– weibliches Tier	***Ente***
– Junges	***Jungente***
– alle Junge einer Ente	***Geheck***
– Jungenten, die schon fliegen können	***flugbar, flügge, beflogen***
– eben flugbar gewordene Enten	***Fluchtenten***
– Geheck mit Ente	***Volk, Schof***
– mehrere Enten oder Schofe gemeinsam	***Flug***
– große Gesellschaft	***Schar, (Koppel)***
– Erpel in der Mauser	***Rauherpel***

Körperteile:

– Kopf	***Kopf***
– Hornplatte an der Schnabelspitze	***Nagel***
– Flügel	***Schwingen, (Flügel)***
– auffallend gefärbtes Feld am Flügel	***Spiegel***
– Federkleid	***Gefieder***
– geringelte Schwanzfedern des Stockerpels	***Schneckerl, Locken, Erpelhaken, Gringel***
– Beine (Zehen mit Schwimmhäuten)	***Latschen***

Lautäußerungen:

– allgemeine Bezeichnung	***Ruf***
– Rufen der Ente nach ihren Jungen	***locken***

streichende Enten

Nahrung, Stoffwechsel:

– an Land Äsung aufnehmen	***weiden, äsen***
– mit Kopf und Hals im Wasser nach Nahrung tauchen	***gründeln, stürzen***

Fortpflanzung:

– Zeit der Partnersuche	***Reihzeit***
– Erpel verfolgt Ente	***reihen***
– sich paaren	***züchten***

Aufenthalt und Bewegung im Revier:

– fliegen	***streichen, ziehen***
– aufs Wasser niedergehen	***einfallen***
– schwimmen	***liegen, rudern***
– sich in die Luft erheben	***aufstehen***
– morgendliches und abendliches Streichen der Enten von und zu den Äsungsplätzen	***Entenstrich, Strich***
– Gänge im Schilf oder hohen Gras	***Schleppe***

Jagd und Behandlung des erlegten Wildes:

– Stelle, an der die Enten abends oder morgens regelmäßig einfallen	***Einfall, Entenfall***
– Instrument zur Nachahmung des Lockrufes der Enten	***Entenruf***
– künstliche Enten zum Anlocken	***Lockenten***
– angeschossene Ente beißt sich unter Wasser fest	***einbeißen, verbeißen***

Gänse

Sinngemäß gelten die bei Enten üblichen Ausdrücke auch für Gänse, sofern nicht anders angegeben.

– männliches Tier	***Ganter***
– weibliches Tier	***Gans***
– noch nicht flugfähige Gänse	***Gössel***

Schwäne

Auch bei Schwänen gelten sinngemäß dieselben Ausdrücke wie bei den Enten, bis auf wenige Ausnahmen, was meist darauf zurückzuführen ist, dass Schwäne zur Hohen Jagd gehörten.

– Beine	***Füße***
– Zehen mit Schwimmhäuten	***Ruder***
– Nahrungsaufnahme	***äsen***
– Paarungszeit	***Balz***
– Stelle im Revier, wo sich Schwäne meist aufhalten	***Stand***
– Entfernen des Gescheides	***aufbrechen***

Wildtauben

Bei den Wildtauben findet sich, wahrscheinlich mangels festverwurzelter jagdlicher Traditionen, keine sehr ausgeprägte Jägersprache.

– männliches Tier	***Tauber***
– weibliches Tier	***Taube, Täubin***
– Gesellschaft	***Flug***
– allgemeine Lautäußerung	***rufen***
– zärtlicher oder klagender Laut	***girren, gurren***
– Ruf der Ringel- und Turteltauben	***rucksen, heulen***
– zur Nahrungssuche die Felder absuchen	***feldern***
– Wasser aufnehmen	***trinken***
– beim Balzflug die Flügel laut aneinanderschlagen	***klatschen***
– einfaches Baumnest, auch in Höhle, aufgelassenen Horsten oder Eichhörnchenkobeln	***(Horst)***
– sich dem balzenden Ringeltauber nähern	***anspringen***

Ringeltaube

Greifvögel

Bezeichnungen:

– männliches Tier	*Männchen*
– bei den Taggreifvögeln, außer beim Sperber	*Terzel*
– männlicher Sperber	*Sprinz*
– weibliches Tier	*Weibchen*
– Junge	*Junge*
– Jungvogel im Horst	*Nestling*
– Junges, welches das Nest bereits verlassen hat, aber noch nicht voll flugfähig ist	*Ästling*

Körperteile:

– Schnabel	*Schnabel*
– spitze Höcker am Oberschnabelrand der Falken	*Falkenzahn*
– krumme Spitze des Schnabels	*Haken*
– weiche Haut am Schnabel um die Nasenlöcher	*Wachshaut*
– Federnkranz um das Gesicht bei Eulen und Weihen	*Schleier*
– Gefieder	*Kleid*
– Flügel	*Schwinge, Fittiche*
– äußerste Flügelfedern	*Handschwingen*
– Gefieder am Schenkel	*Hosen*
– Federn allgemein	*Gefieder, Federn*
– Schwanz	*Stoß*
– Füße oder nur Zehen mit Krallen	*Fänge*
– Krallen	*Waffen, Gewaff*
– vordere Innenzehe	*Atzklaue*
– Fleisch	*Fleisch*

Lautäußerungen:

– allgemeine Bezeichnung für Lautäußerungen	***schreien***
speziell bei Eulen auch:	***rufen, heulen***
– um Nahrung betteln	***lahnen***
– Betteln der Jungen	***gieren***

Nahrung, Stoffwechsel:

– Nahrung (tote Tiere)	***Fraß***
– lebend gefangene Beute	***Raub***
– fressen, Nahrung aufnehmen	***kröpfen***
– auf die Beute lauern	***warten***
– auf die Beute niederschießen	***stoßen***
– die Beute festhalten	***binden***
– die Beute fassen	***schlagen, greifen***
– die Beute mit den Schwingen abdecken	***manteln***
– die Jungen füttern	***atzen***
– Reste der Beute – auch nur Federn und Haare	***Rupfung***
– ausgewürgte unverdauliche Nahrungsreste	***Gewölle***
– Exkremente	***Geschmeiß***
– Exkremente absetzen	***schmeißen, Geschmeiß fallen lassen, kälken***

Fortpflanzung:

– Fortpflanzungszeit	***Paarzeit***
– Flugspiele während der Paarzeit	***Balzflug***
– sich paaren	***paaren***
– Nest	***Horst***
– nisten	***horsten***
– Brutzeit	***Horstzeit***

Bewegung, Aufenthalt im Revier:

– gehen	***laufen***
– Spur	***Geläuf***
– fliegen	***streichen***
– sich auf einem Baum niederlassen	***sich einschwingen***
– sich auf einen Ast setzen	***anhaken***
– auf einem Ast sitzen	***hocken***
– sich auf Stein oder Bodenerhebung niederlassen	***aufblocken, fußen***
– in der Luft an einer Stelle verharren	***rütteln***
– im Gleitflug Kreise ziehen	***kreisen***
– auf andere Greifvögel niederstoßen	***hassen***

Jagd:

– Jagen mit einem gezähmten Vogel	***Beizjagd***
– den Vogel zur Jagd einschulen, abrichten	***abtragen***

Historische Begriffe:

Eine früher sehr beliebte Jagd auf Krähe, Elster, Häher und auch auf Bussard, Habicht, Milan, Falke und Sperber war die ***Hüttenjagd***, ***Aufjagd*** oder ***Uhujagd***. Man nutzte dabei den angeborenen Hass der Rabenvögel und anderer Raubvögel auf Eulen und stellte vor eine ***Schießhütte*** einen krückenartiger Pfahl, die ***Jule***, auf der in der Regel der Uhu aufgeblockt war. Es folgte ein Umfliegen, „Schimpfen" und Hassen auf den freistehenden Uhu durch verschiedenste Raub- und Rabenvögel, die dabei ohne Mühe geschossen wurden.

aufgeblockter Uhu

4. Jagdhunde

Bezeichnungen:

– männlicher Hund	***Rüde***
– weiblicher Hund	***Hündin***
– junger Hund	***Welpe***
– alle Junge eines Geburtsaktes	***Wurf***
– mehrere zusammen jagende Hunde	***Meute***

Altersangabe:

Das Alter der Hunde wird nicht nach Jahren angegeben, sondern bei Schweißhunden in ***Behang***, d.h. nach der Zahl der Jahre, die er am Schweißriemen hängt – z.B.: Ein vierjähriger Schweißhund steht im dritten Behang.
Bei Vorstehhunden erfolgt die Angabe in ***Feld***, also nach der Zahl der Jahre, die er im Feld arbeitet – z.B.: Ein dreijähriger Vorstehhund steht im zweiten Feld.

Körperteile:

– Kopf	***Kopf***
– Auge	***Auge***
– Nase	***Nase***
– Maul, aber auch die langen Eckzähne	***Fang, Fänge***
– Gesamtheit der Zähne	***Gebiss***
– das Innere des Maules	***Rachen***
– Wange	***Lefzen***
– Ohren, herabhängend	***Behang***
– Ohren, aufrecht	***Stehohren***
– Hals	***Hals***
– Vorderrücken	***Widerrist***
– Hinterrücken bis Ansatz Rute	***Kruppe***
– Schwanz	***Rute***
– Schwanz bei langhaarigen Hunden	***Fahne***

– Beine	***Läufe***
– Füße	***Pfoten***
– Nägel an den Pfoten	***Klauen***
– rückwärts an den Hinterläufen stehende Klaue	***Afterklaue, Wolfsklaue***
– elastischer Wulst an der Pfotenunterseite	***Ballen***
– Trittreihe des Hundes	***Spur***
– Haut mit Haaren	***Decke***
– After	***Weidloch***
– vorgelagerte Drüse am Weidloch	***Afterdrüse***
– männliches Geschlechtsteil	***Feuchtglied***
– Hodensack mit Hoden	***Kurzwildbret***
– weibliches Geschlechtsteil	***Schnalle, Nuss***
– Milchdrüse	***Gesäuge***

Sinneseindrücke:

– sehen, erblicken, hören	***äugen, vernehmen, wahrnehmen***
– Geruchssinn	***Nase***

Nahrung, Stoffwechsel:

– Nahrung, die dem Hund gereicht wird	***Futter, (Fraß)***
– Nahrung verzehren	***fressen***
– Hund nach Aufbrechen vom erlegten Wild füttern	***genossenmachen***
– trinken	***schöpfen***
– Exkremente	***Losung***
– Exkremente absetzen	***sich lösen***
– harnen	***nässen, (feuchten)***

Fortpflanzung:

– Begattungsbereitschaft der Hündin	***Hitze, Läufigkeit***
– begattungsbereit sein	***hitzig sein***
– Blut während der Hitze verlieren	***färben***

– den Rüden zur Hündin lassen	***decken, belegen, belaufen***
– Verbundensein nach der Begattung	***hängen, binden***
– Gebärmutter	***Tracht***
– trächtig sein	***dickgehen***
– Junge bekommen	***werfen, wölfen***

Lautäußerungen:

– bellen	***Laut geben, Hals geben***
– bellfreudig	***lockerer Hals***
– Lautwerden des Hundes	***anschlagen***
– laut hetzen	***Hetzlaut***
– Gebell der Hunde beim Verfolgen des Wildes	***Geläute***

im Jagddienst:

– Halsband	***Halsung***
– Hundeleine	***Riemen***
– lange Leine (6 bis 12 m) für Schweißfährte	***Schweißriemen***
– Leine für mehrere Hunde	***Koppel, Gabelleine***
– an die Leine nehmen	***anleinen***
– von der Leine lassen	***schnallen, abhalsen***
– kunstgerechtes Aufwickeln des Schweißriemens	***aufdocken***
– den Hund anfeuern	***anrüden***
– dem Hund die Kenntnisse für die Jagd beibringen	***abrichten, abführen***
– fertig ausgebildet	***firm, ferm***
– körperliche Verfassung	***Kondition***

Eigenschaften:

– Gehorsam	***Appell***
– an der Leine (Riemen) willig und ruhig	***führig, leinenführig, riemenführig***
– Hunde, die sich gut an der Koppel führen lassen	***koppelführig***

– angriffslustig	***scharf***
– empfindlich	***weich***
– Angst vor dem Schuss	***schussscheu***
– Hund bleibt nach dem Schuss ruhig	***schussfest***
– Hund läuft aufgeregt und planlos, um Wild zu suchen	***schusshitzig***
– Hund hat Angst vor der Hand des Hundeführers	***handscheu***
– der Wildfährte(-spur) sicher folgen	***fährtensicher, spursicher***
– auf der Fährte oder Spur laut sein	***spurlaut sein***
– Hund ist nur laut, wenn er das Wild sieht	***sichtlaut sein***
– ohne Spur oder Anblick von Wild laut sein	***weidlaut sein***
– Verbellen eines angeschweißten Stückes	***Standlaut geben***
– Hund, der nach Auffinden des verendeten Stückes zum Herrn zurückkommt und zum Stück führt	***Totverweiser***
– Hund, der nach Auffinden des verendeten Stückes am Wild bleibt und Laut gibt, bis der Herr kommt	***Totverbeller***
– Hund, der das gefundene Stück einscharrt	***Totengräber***
– sich vor oder von dem Hasen zurückrufen lassen	***hasenrein***
– ohne Erlaubnis in der Gegend herumrennen	***streunen***

Verhalten bei der Arbeit im Revier:

Von den verschiedenen Gebrauchsgruppen der Jagdhunde werden im Allgemeinen ganz bestimmte Leistungen erwartet. Diese einzelnen Bereiche bleiben aber nicht stets nur streng auf die jeweilige Gruppe beschränkt, sondern sie können sich überschneiden.

Schweißhunde:

– Suche nach krankgeschossenem Schalenwild	***Nachsuche***
– eine Fährte oder Spur erkennen und darauf reagieren	***anfallen, annehmen, aufnehmen***
– eine Fährte oder Spur verfolgen	***ausarbeiten***
– auf gefundenen Schweiß aufmerksam machen	***Schweiß verweisen***
– wenn Hund beim Suchen nahe beim Jäger bleibt	***kurz suchen***
– ein großes Gebiet absuchen	***revieren***
– die Fährte oder Spur verlieren	***abkommen***

– über eine Fährte/Spur ohne Bemerken weglaufen	***übergehen, überschießen***
– unsicheres Umhersuchen, ohne Finden der Fährte/Spur	***faseln***
– frische Fährte	***warme Fährte***
– Fährte von angeschossenem oder krankem Wild	***Wundfährte, Schweißfährte, Krankfährte***
– Fährte von einem gesunden Stück	***gesunde Fährte, Gesundfährte***
– gut sichtbare Fährte (veraltet:)	***gerechte Fährte***
– alte Fährte (mindestens 2–3 Stunden)	***kalte Fährte***
– kalte Fährte, die eine ganze Nacht gestanden ist	***Übernachtfährte***
– nachgezogenes Wild zum Anlegen einer Duftspur	***Schleppe***
– wenn Wild vor dem Hund nicht mehr flüchtet	***sich stellen***
– wenn der Hund Wild nicht mehr weglässt	***stellen***
– Verbellen des gestellten Wildes	***Bail, (Ball)***
– wenn gestelltes Wild dem Hund nicht auskommt	***die Bail halten***
– wenn vorerst gestelltes Wild dem Hund auskommt	***die Bail brechen***
– flüchtendes Wild verfolgen	***hetzen***
dabei bellen:	***Hetzlaut geben***
– angeschweißtes Wild frei nachsuchen	***verloren suchen***
– ein angeschweißtes Stück finden	***ausmachen***
– gestelltes Wild niederreißen	***niederziehen***
– sich in ein Stück verbeißen und es festhalten	***decken, packen***

Stöberhunde und Bracken:

– Suchen unter der Flinte in unübersichtlichem Gelände	***buschieren***
– aufgemachtes Wild laut verfolgen	***laut jagen, laute Jagd***
– Dickungen und unübersichtliches Gelände absuchen	***stöbern***
– nur am Dickungsrand suchen statt gründlich stöbern	***rändern***
– nicht am Boden suchen (wie Schweißhund), sondern die Äste (Reiser) beriechen, wo Wild durchgezogen ist	***reisern***
– Hasen aus der Sasse hochmachen	***stechen***

Vorstehen
Deutscher Wachtel
(Stöberhund)
Dackel
(Bauhund)
H. Zeiler 97

Vorstehhunde:

– Suche beim Niederwild	***Verlorensuche***
– Nase beim Suchen hoch tragen, auch Umschlagen eines Revierteils, um gegen den Wind Wild zu suchen	***Wind holen***
– anzeigen, dass Wildwittrung aufgenommen wurde	***markieren***
– kurz vor dem Vorstehen Wild markieren	***anziehen***
– vor gefundenem Wild stehen, bis der Jäger kommt	***vorstehen, stehen***
– nach kurzem Vorstehen das Wild hochmachen	***einspringen***
– aufstehendem Wild in kurzer Distanz nachlaufen	***nachprellen***
– aufstehendem Wild auf weitere Entfernung folgen	***nachziehen, nachrollen***
– ein Stück Wild bringen	***apportieren***
– gebrachtes Wild dem Jäger abliefern	***abgeben, ausgeben***
– zufällig gefundenes Wild auch ohne Befehl bringen	***Bringtreue***
– Wild zu fest fassen und zerdrücken	***drücken, knautschen***
– gefundenes Wild anfressen	***anschneiden***
– den Hund für gute Arbeit streicheln und loben	***abliebeln***
– den Hund unangeleint bis zum Abholen zurücklassen	***ablegen***

Bauhunde:

– sich in den Bau begeben	***schliefen***
– Wild aus dem Bau treiben	***sprengen***
– im Bau einen Fuchs oder Dachs verbellen	***vorliegen***

Historische Begriffe:

Zur Abrichtung (***Dressur***) von Hunden waren einst Halsungen mit Stacheln üblich, die beim Zusammenziehen den Hund nicht nur würgten, sondern auch zusätzliche schmerzhafte Folgen hatten ***(Stachelhalsband, Würgehalsband)***.
Zur Abrichtung der Jagdhunde – meist Bracken – wurden für gemeinsame Arbeit je ein erfahrener und ein unerfahrener Hund an den Halsungen zusammengebunden ***(Koppel)***.
Hatzhunde, die flüchtendes Wild einholen und festhalten mussten, wurden mit breiten Halsungen versehen, die mit spitzen Stacheln nach außen ausgestattet waren ***(Hatzband, Stachelhalsband)***. Weil erprobte Hatzhunde einst bedeutend wertvoller waren als z.B. Schusswaffen, wurde ihnen zum Schutz auch ein lederner oder dick mit Haar oder Wolle gefütterter Schutzpanzer übergezogen ***(Jacke, Hundepanzer)***.

5. Wörterbuch (Index)

– *B* –

– C –

– D –

– H –

– L –

– M –

– S –

Höchst Brauchbar

€ 39.-

Jägerbrauch

Gelebtes & Überlebtes in der Jagd.

Von Paul Herberstein, Elisabeth Schaschl, Franz Stättner und Michael Sternath. 272 Seiten. 32 Seiten farbiger Bildteil, Fotos von Markus Zeiler. 20 SW-Abbildungen, 5 Zeichnungen von Haralds Klavinius. – Exklusive Ausstattung in Leinen.

Wie wird Strecke gelegt? Welche Brüche standen und stehen in Verwendung? An welchen Tagen ist es verpönt, zu jagen? – Der „Jägerbrauch“ gibt Antworten auf alle jagdlichen Traditionen und alten oder auch weniger alten Jägergepflogenheiten. Er hinterfragt aber auch kritisch das Bestehende und scheut sich nicht, Tabus auszuleuchten.

Österreichischer Jagd- und Fischerei-Verlag
1080 Wien, Wickenburggasse 3
Tel. +43/1/405 16 36 Fax +43/1/405 16 36/59
E-mail: verlag@jagd.at Internet: www.jagd.at